Farid Touati
Hassan Tariq
Damiano Crescini

Mapeamento Autónomo AQI de IoT WSN para Aplicações à Escala Urbana

Farid Touati
Hassan Tariq
Damiano Crescini

Mapeamento Autónomo AQI de IoT WSN para Aplicações à Escala Urbana

ScienciaScripts

Cover image: www.ingimage.com

This book is a translation from the original published under ISBN 978-620-4-73191-9.

Publisher:
Sciencia Scripts
is a trademark of
Dodo Books Indian Ocean Ltd. and OmniScriptum S.R.L Publishing group
Str. Armeneasca 28/1, office 1, Chisinau MD-2012, Republic of Moldova, Europe
Printed at: see last page
ISBN: 978-620-5-38574-6

Conteúdos

1. Resumo

A qualidade do ar ganhou um significado vital devido a pandemias globais e às alterações climáticas. As condições climáticas extremas e o modelo de ar urbano perigoso com magnitudes intensas de poluentes acompanhados de emissões de carbono são a introdução básica do perfil climático da terra no colosso industrial. As condições de vida ambientais ou amigas do ambiente, em outros termos probabilidade de formas de vida, dependem da condição ambiental que é uma combinação de gases, temperatura, humidade, pressão e luz. A qualidade dos processos de vida respiratória está directamente relacionada com a qualidade do ar numa determinada geo-localização. As 10 principais agências de protecção ambiental (EPAs) concordaram unanimemente com a norma de quatro gases principais para a qualidade do ar exterior, ou seja, ozono (O3), dióxido de nitrogénio (NO2), dióxido de enxofre (SO2), e monóxido de carbono (CO). A concentração ou relação de quatro gases críticos e partículas do ar parte por milhão (ppm) determina o índice de qualidade do ar (AQI) a uma dada geo-localização. Portanto, é necessário um nó padrão de qualidade do ar exterior (O-AQN) para monitorizar o AQI, medindo os quatro gases com sensibilidades cruzadas distinguíveis, bem como o apoio à geo-localização.

No mapeamento da qualidade do ar à escala urbana exterior, o tempo de aquecimento dos sensores electroquímicos, a sensibilidade cruzada, a tipografia de localização geológica, e a eficiência energética são os principais desafios. Neste trabalho, é proposto um nó de detecção de qualidade do ar multi-variável e sensível ao gradiente, com detecção accionada por eventos com base na posição, magnitudes de gás e interpolação de sensibilidade cruzada. Nesta abordagem, temperatura, humidade, pressão, geo-posição, energia fotovoltaica, compostos orgânicos voláteis (COV), partículas, ozono, monóxido de carbono, dióxido de azoto e dióxido de enxofre são as principais variáveis. Os resultados mostraram que o sistema proposto optimizou o mapeamento da qualidade do ar em tempo real para o aglomerado geo-espacial escolhido, ou seja, a Universidade do Qatar.

Este trabalho concentra-se num estudo abrangente, concepção, fabrico, teste, calibração e implementação de nós sensores AQM de grau industrial com detecção de altíssima resolução para assegurar avisos de confiança contra a ultrapassagem dos limites admissíveis do local e aviso prévio. As principais exigências na monitorização de desastres consistem numa implantação flexível, escalabilidade do sistema e recuperação rápida de dados para localizar rapidamente áreas perigosas. O sistema proposto utiliza novas técnicas e abordagens personalizadas para o alerta precoce de alterações de AQI melhoradas com redes multi-sensor de energia ambiental.

Além disso, os resultados deste livro são: 1) compreensão das narrativas da qualidade do ar e das normas EPA; 2) métodos, técnicas e análises de avaliação AQI 5 abordagens; 3) sensores de qualidade do ar e suas aplicações, bem como limitações; 4) arquitectura de sistemas de qualidade do ar e suas especificações e utilização; 5) as redes de sensores sem fios AQM e a malha AQI de última geração na prática; 6) a próxima geração de sistemas AQI autónomos com capacidades de ponta: colheita de energia, rede de malha, gestão de baterias, optimizações de rádio e processamento, e ecrãs inteligentes; 7) análise e mapeamento de dados baseados em IoT; 8) previsão e previsão AQI; 9) impacto dos sistemas e serviços AQM no bem-estar social.

Os resultados acima referidos são de elevado significado científico mas técnico para a área da monitorização e cartografia ambiental e da qualidade do ar.

Palavras-chave: Cartografia da qualidade do ar exterior; Avaliação do Índice de Qualidade do Ar Geo-espacial, Cartografia dos gases perigosos; Avaliação dos riscos; Redes de sensores sem fios; Colheita de energia. Previsão da qualidade do ar.

2. Introdução à qualidade do ar

O termo "qualidade do ar" refere-se a um mecanismo de avaliação de gás que pode ser utilizado como uma variável de unidade padrão para governar reciprocamente a poluição aceitável de acordo com a OMS, USEPA, EEA, e UNEPA [1-3]. Um "sensor de gás de qualidade do ar" é um instrumento electrónico ou electroquímico que pode detectar e medir a proporção de partículas de gás num determinado volume de ar normalmente referido como parte por milhão (PPM), noutros casos como parte por bilião (PBB), através de algum elemento sensor e pode ter uma variedade de outras aplicações cobertas nesse corpo de conhecimentos.

2.1. Métodos de Avaliação da Qualidade do Ar

À luz das orientações documentadas pelas principais agências de protecção ambiental, OMS, US-EPA, EEA, e UNEP; a terminologia da qualidade do ar refere-se a todo o corpo legislativo de conhecimento que envolve análises, métodos, e critérios baseados na qualidade do ar [25]. Os principais termos utilizados neste contexto são:

a) Índice da Qualidade do Ar (AQI)
b) Mapeamento da Qualidade do Ar (AQM)

A Avaliação da Qualidade do Ar (AQA) e a mitigação do risco de crise aérea (ACR) é um processo estritamente sequencial e sistemático. Cada fase tem o seu significado claro e preciso e a sua contribuição na fase seguinte. AQA e ACR envolvem a estimativa de limiares de gases bio-toleráveis, tais como magnitudes de gases perigosos e rácios de poluentes no volume atmosférico; AQA geoespacial para orquestrar AQM regional; finalmente, conceber um modelo de volume de ar regional com variáveis eficazes e contributivas para fornecer um plano de mitigação [6, 7].

b.1.1. Índice da Qualidade do Ar (AQI)

AQI refere-se precisamente a um gráfico estruturado com um limiar bio-tolerável de poluentes específicos e gases bio-perigosos recomendados por um EPA estatal ou regional na área sob uma agência de fronteira especificada. As 10 principais agências de protecção ambiental (APE) concordaram unanimemente com a norma de quatro gases principais para a qualidade do ar exterior [8], ou seja, ozono, dióxido de azoto, dióxido de enxofre, e monóxido de carbono. Os poluentes de poeira incluem as versões PM-10 e PM-2,5A como AQI padrão para o ar exterior com sensibilidades cruzadas distinguíveis.

AQI Category (Range)	PM_{10} (24hr)	$PM_{2.5}$ (24hr)	NO_2 (24hr)	O_3 (8hr)	CO (8hr)	SO_2 (24hr)	NH_3 [illegible]
Good (0–50)	0–50	0–30	0–40	0–50	0–1.0	0–40	0–200
Satisfactory (51–100)	51–100	31–60	41–80	51–100	1.1–2.0	41–80	201–4[illegible]
Moderately polluted (101–200)	101–250	61–90	81–180	101–168	2.1–10	81–380	401–8[illegible]
Poor (201–300)	251–350	91–120	181–280	169–208	10–17	381–800	801–1[illegible]
[illegible]	[illegible]	[illegible]	[illegible]	[illegible]	[illegible]	[illegible]	[illegible]
[illegible]	[illegible]	[illegible]	[illegible]	[illegible]	[illegible]	[illegible]	[illegible]

IAQ Index			
PM2.5	VOC	CO2	
µg/m³	µg/m³	ppm	Hazard Level
<12	100	700	Good
35	200	800	Moderate
56	300	1100	Poor
150	400	1500	Unhealthy
250	500	2000	Very Unhealthy
300	600	3000	Hazardous
500	700	5000	Extreme

a) EPA exterior AQI Standardb) EPA interior AQI Standard

Fig 1. Gráfico AQI da EPA dos EUA [9, 10]

O gráfico AQI na figura 1 apresenta os limiares obrigatórios e as janelas limite para as variáveis AQI que servem de índice de poluição atmosférica (API) como um termo vice-versa. Outra inovação multiparamétrica do AQI na avaliação foi o índice de desempenho ambiental (EPI) do Centro Yale de Direito e Política Ambiental.

Mapeamento da Qualidade do Ar (AQM)

As geo-localizações ligadas na vizinhança utilizando procedimentos de cálculo colectivo de médias e médias derivam de um AQM com um valor de sistema de posicionamento geográfico (GPS) de parâmetros adicionais. O processo de recolher todos esses pontos e de os orientar geo-espacialmente chama-se AQM-P [11]. Existem dois tipos de AQM-P: (i) cartografia da qualidade do ar interior (I-AQM-P); e (ii) cartografia da qualidade do ar exterior (O-AQM-P).

a. Cartografia da Qualidade do Ar Interior [11] b. Cartografia da Qualidade do Ar Exterior [12]

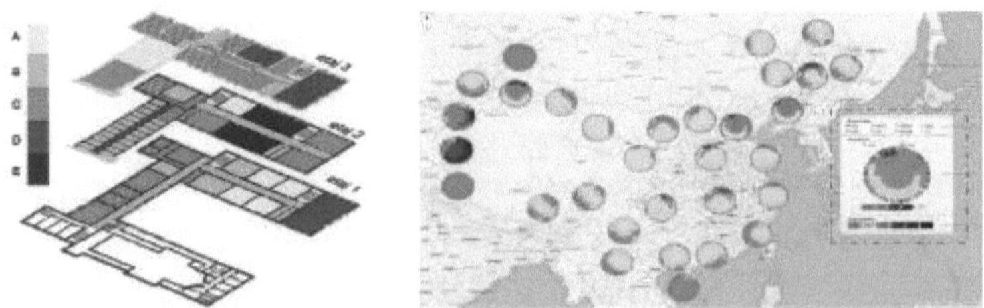

Fig. 2. Duas abordagens fundamentais na AQM

A figura 2 mostra que o I-AQM-P é de construção ou de instalações e o O-AQM-P é de região. Existem diferentes conjuntos de gases e rácios de poluentes com tamanhos moleculares [12]. Estão disponíveis muitos gráficos e esquemas de apresentação gráfica, bem como esquemas de apresentação tipográficos, e a sua padronização está em processo para AQM-P com base na sua eficácia relativa.

2.2. Pontos críticos AQM (variáveis)

Nesta secção, mencionamos diferentes tipos de variáveis que contribuem para o AQM para o Qatar. No Qatar, as duras condições ambientais e climáticas tornam muito difícil que as actividades ao ar livre sejam processadas activamente 70% do ano. Sistemas automatizados e inteligentes são obrigatórios para uma detecção bem sucedida, sustentável e resiliente nas extremidades superiores médias de 50,4 °C e 71% de humidade. Consumo mínimo de energia ou densidade de potência (mW/cm[1] [2 3]) e eficiência energética (q%) são os alvos principais em aplicações de detecção ou monitorização no exterior sensor por sensor e tecnologia por tecnologia. Os parâmetros-chave do nó IoT multi-sensor proposto para o desenho de eficiência energética dependente da bateria são Tensão da célula (VC = 1,2~3,3V, 2,2~3,8V, 1,2- 3,8V); Ciclos de carga/descarga (BN = 105~106, 104-105, 104-106); gama de capacitância de estabilidade (RC = 0.1~470uF, 300~3300uF 300~3300uF), energia específica (Wh/kg = 1,5~3,9, 10~15, 1,5~15), potência específica (kW/kg = 2~10, 3~14, 3~14), tempo de autodescarga à temperatura ambiente (7~11 dias como Pequeno e 22~49 dias como Longo), eficiência (%) aceitável em intervalos de (90~95); e tempo de vida (5 a 10 anos).
Iluminou a exigência de múltiplos nós de detecção de gás com tempos de aquecimento inferiores a 5mins em condições ambientais exteriores.

As agências globais como a OMS, US-EPA, EEA, e UNEP dependem de diferentes dispositivos e sistemas de medição ambiental de dados que podem ser categorizados em [13-18]:

1) Sensores de Qualidade do Ar
2) Sistemas de Qualidade do Ar

3) Redes sem fios de qualidade do ar

2.3. Sensores de Qualidade do Ar

Os EPAs recomendaram os sistemas AQM e AQI para cumprir com as normas de interior e exterior. Os sensores podem ser generalizados em três categorias: 1) Sensores AQI interiores; 2) Sensores AQI exteriores, e 3) Sensores de saúde/condição ambiental. Os sensores utilizados nos sistemas AQM, conforme explicado abaixo.

2.3.3. Matéria particulada (PM2,5 e PM10)

O funcionamento do sensor de pó GP2Y1010AU0F é baseado no sinal de impulso aplicado ao terminal LED para activar o LED no interior do sensor. A luz emitida a partir do LED é reflectida no fotodíodo. O nível de saída medido a partir do amplificador do fotodíodo indica a concentração de poeira. A figura 2 mostra o circuito de condicionamento. O sensor PM tem duas categorias de sensibilidade baseadas no tamanho da partícula de pó e é apresentado na Figura 3.

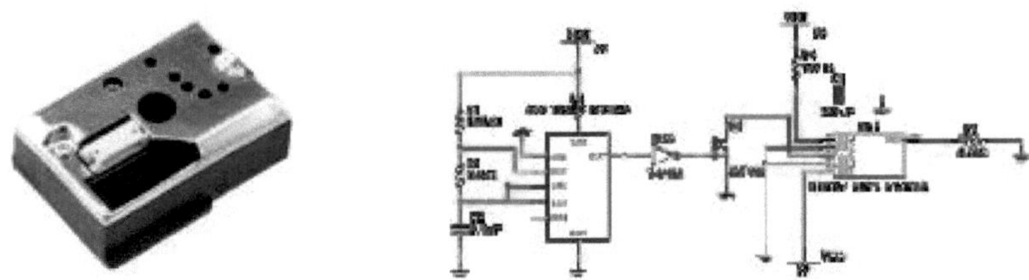

a. GP2Y1010AU0F Poeira b. Esquemas

Fig 3. Sensor de Pó Óptico[14]

2.3.4. Sensor de óxido de cardão (CO2)

O sensor MG811 é utilizado para medir a concentração de gás CO_2; uma vez que tem boa sensibilidade e baixa dependência da temperatura e humidade. O sensor tem uma gama aceitável de detecção (350-10.000) ppm. A figura 4 mostra o diagrama do circuito do MG811.

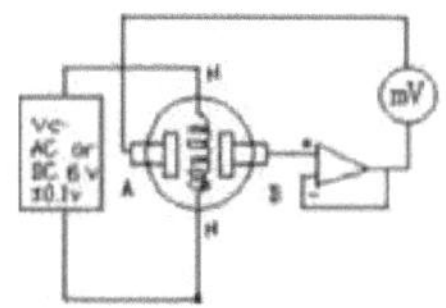

a. Sensor MG811 b. Esquemas

Fig 4. MG811 (sensor de CO2) [15]

O sensor dá uma saída de tensão entre (30-50) mV. Obtendo uma tensão de saída adequada, é utilizado um amplificador com um ganho de 100. A folha de dados fornece uma relação entre a voltagem de saída do sensor e a concentração de CO2.

2.3.5. Sensor de Dióxido de Azoto (NO2)

A concentração de NO2 é medida com um sensor MiCS-2710. O intervalo de detecção do sensor é (0,05-5) ppm, e a figura 5 mostra o circuito de condicionamento do sensor. onde VH é (1,7V), VCC é (2,5V), RL é (10 kQ) e VS é a tensão de saída. A folha de dados do sensor fornece uma relação entre a resistência

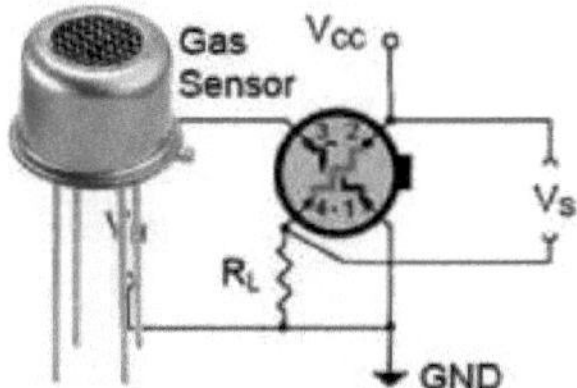

interna do sensor e a concentração de gás (mostrada na figura 5).

a. MiCS-2710 sensorb . Esquemas

Fig 5. MiCS-2710 (sensor NO2) [16]

2.3.6. Sensor de Dióxido de Enxofre (SO2)

O MQ136 é utilizado para medir a concentração de SO2, que tem um circuito simples mostrado na figura 6. O sensor pode detectar concentrações de SO2 entre (1-200) ppm

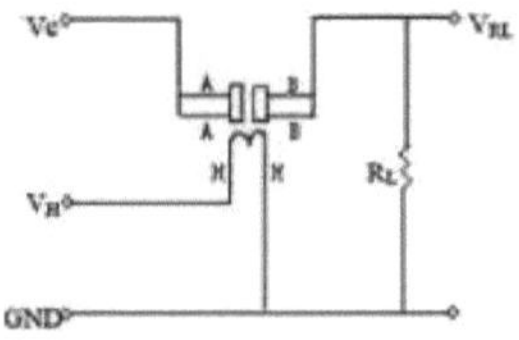

a. Sensor MQ136 b. Esquemas

Fig 6. MQ136 (sensor SO2) [17]

onde VH e VC são ambos 5 V, RL (2 kQ), e VRL é a tensão de saída. A folha de dados fornece uma relação entre a resistência do sensor e a voltagem de saída.

2.3.7. Sensor de monóxido de carbono (CO)

O sensor de gás MQ7 será utilizado para medir a concentração de CO, que pode detectar concentrações entre (20 e 2000) ppm. A figura 8 mostra o sensor e o circuito de medição.

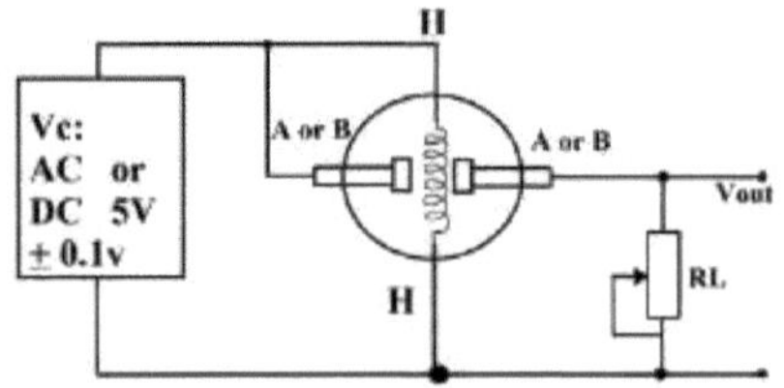

a. Sensor MQ7 b. Esquemas

Fig 8. MG811 (sensor de CO2) [19]

onde VC é (5V), VH é a tensão de aquecimento (mostrada na figura 8), RL é a resistência de carga, que foi escolhida para ser (2 kQ) e VRL é a tensão de saída. A ficha técnica MQ7 também fornece uma relação entre a concentração de gás e a resistência interna do sensor.

2.3.8. Sensor de Ozono (O3)

O sensor electroquímico ME3-O3 detecta a concentração de gás através da medição da corrente com base no princípio electroquímico, que utiliza o processo de oxidação electroquímica do gás alvo no eléctrodo de trabalho dentro da célula electrolítica, a corrente produzida na reacção electroquímica do gás alvo está em proporção directa com a sua concentração enquanto segue a lei de Faraday, então a concentração do gás poderia ser obtida através da medição do valor da corrente (ver figura 9).

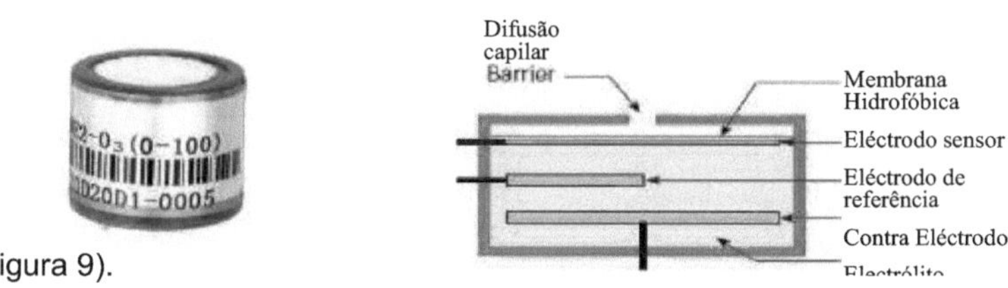

a. Sensor ME3-O3 b. Esquemas

Fig 9.ME3-O3 (sensor O3) [20]

2.4. Sistemas e Redes de Qualidade do Ar

O termo placa de nariz electrónico (ENB) foi utilizado por vários investigadores em todo o mundo para uma instrumentação heterogénea multi-sensor específica PCB (Fig10, e 11) de [21], actualmente designada como sistema de qualidade do ar (AQS). A orientação das ENBs para uma aplicação típica de detecção é denominada matriz de detecção de gás (GSA) ou grelha GS (GSG) [22]. Os GSAs múltiplos enviam dados para um colector central de aquisição de dados ou gateway chamado GSG [23]. Diferentes GSAs e GSGs de obras inéditas foram discutidos em [24].

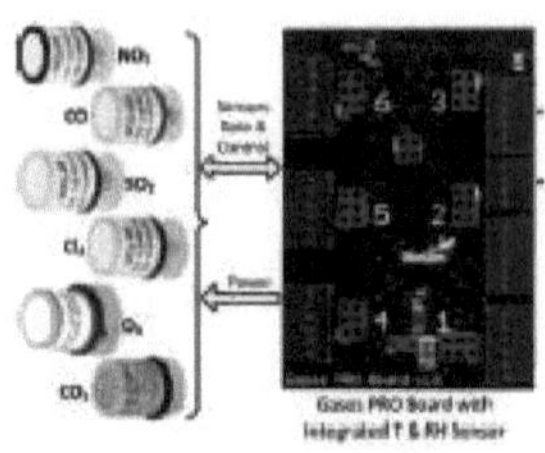

a) Trio GSG for I-AQA [22] b) Wound Infection ENB [23] c) Smart Rig Test ENB [24]

Fig 10. Principais contribuições em GSGs e ENBs aplicados

O I-AQA foi realizado num hospital utilizando uma estimativa mínima quadrada para testes de HVAC utilizando o Trio GSG [25], ou seja, os 8 gases internos foram avaliados como mostra a figura 10. Na figura 10, a SVM foi utilizada para avaliar a infecção de feridas pela ENB com base em 4 tipos de sensores. Em Abril de 2020, o ENB mais recente foi utilizado para a avaliação de MFC num banco de ensaio de calibração de sensores de gás [26].

Foi observado um aumento de 41% na concepção e desenvolvimento de sistemas de detecção de gases e poluentes no mercado ambiental desde 2001 [27]. As principais contribuições AirNut, PA-I e PA-II, Egg, PATS+, e S-500, CairClip, Portable ASLUNG, AirSensEUR, Met One, AQY v0.5, Vaisala AQT410, 2B Tech, e sistemas AQMesh V3.0 tiveram capacidades de medição em poluentes e gases específicos apresentados em [28]. FIS SP-61 por FIS, O3-3E1F por City Technology, AirSensEUR v.2 por Liberalntentio, e S-500 por Aeroqual, e AirSensEUR utilizou um Alpha Sense OX-A431 integrado limitado a O3 [29]. O PMS1003 e PMS3003 da Plantower; DC1100 PRO e DC1700 da Dylos; OPC-N2 da AlphaSense só tinha suporte de detecção de partículas (PM) [30]. O CO-3E300 por City Technology; CO-B4 por Alphasense, MICS- 4515 por e SGX Sensortech, Smart Citizen Kit por Acrobotic e o RAMP tinham apenas capacidades de medição de monóxido de carbono [31]. Isto sublinha a exigência de uma estrutura de processamento de dados de sensores em tempo real para nós sensores de múltiplos gases com tempos de aquecimento inferiores a 5mins em condições ambientais exteriores. Os mais citados e utilizados pela maioria das investigações AQS foram aqui discutidos como 1) AirQ urbano;2) Kit Cidadão Inteligente, 3) AirQ Mesh; e 4) Libelium que necessitava de melhorias na eficiência energética, GPS, estruturação vectorial de séries temporais, e transmissão remota de dados para assegurar um mapeamento dinâmico da qualidade do ar [9-26].

2.4.3. AirQ Urbano

A plataforma AirQ [26]por Vishal et al. foi uma solução inteligente e rentável para a monitorização da qualidade do ar. Suportava tecnologias de comunicação de dados sem fios, incluindo WiFi, 4G,Bluetooth, LoRa, etc. Foi apoiada pela gestão de dados não integrada e pela implementação de algoritmos de análise de dados inteligentes exibidos num Painel AirQ e numa aplicação de Smartphone.

a) Urban AirQ Unit b) Urban AirQ Cluster c) Urban AirQ Units Assembly

Fig. 11. Sistemas urbanos AirQ em diferentes configurações [26]

Tinha uma dependência de hardware e software externos com mais necessidades de processamento apenas com sensores de qualidade do ar.

2.4.4. Kit Cidadão Inteligente

O Kit Cidadão Inteligente [27] dependia de um recurso adicional chamado "Estação Cidadão Inteligente". Necessitava de melhorias nas medições de séries temporais multi-variáveis e precisão de localização, eficiência energética, e processamento de dados reduzido. Detecção multi-variável com medição simultânea de gases e variáveis ambientais.

a) Field Deployment

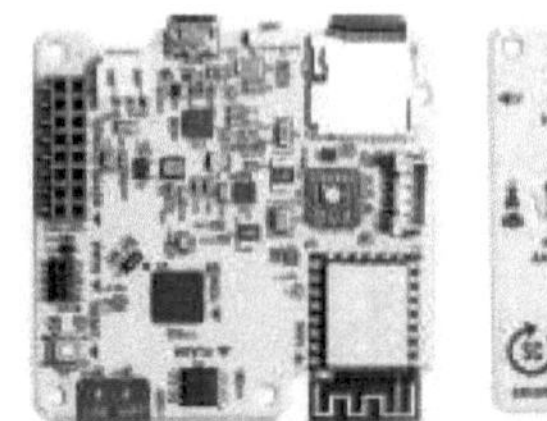

b) Smart Citizen Kit 2.1 Boards

Fig 12. Sistemas Cidadãos Inteligentes e Implantação [27]

A versão mais recente de Smart Citizen V2.1 da Fab Lab teve actualizações de Sensirion SHT31, Invensense ICS43423, Rohm BH1721FVC, NXP MPL3115A2, AMS CCS811, e Plantower PMS 5003.

2.4.5. Malha AirQ

Os monitores de qualidade do ar AQMesh podem ser especificados para monitorizar um único gás ou até 6 gases, bem como PM, ruído e velocidade e direcção do vento, tudo a partir de uma única unidade, com entrega de dados sem descontinuidades. A rede AirQ Mesh [28] de Nuria et al focalizou-se na revisão e desempenho das plataformas AirQ existentes e na sua máxima utilização, conduzindo a resultados credíveis pela EPA e pela Directiva de Qualidade do Ar (AQD). As cargas úteis de dados foram muito elevadas devido a erros de estimativa do tempo de resposta que levaram a elevados requisitos de armazenamento com desafios energéticos no terreno foram as lacunas na contribuição de Nuria et al. Mede os gases NO, NO2, O3, CO, SO2, H2S, e TVOC utilizando a última geração de sensores electroquímicos de monitorizaçãoCO2 com um sensor NDIR. Mede partículas PM1, PM2.5, PM10, TPC, e TSP (até 30 microns) com um contador de partículas ópticas de dispersão de luz. As outras restrições e variáveis tipográficas são também monitorizadas pelo nó de malha AirQ como a) monitorização do ruído com um microfone omnidireccional; b) sensor meteorológico para medição da velocidade e direcção do vento; c) variáveis ambientais: humidade relativa, temperatura da cápsula, pressão atmosférica como padrão.

a)Implantação da b) Implantação e Montagem Completa do

Fig 12. Implantação de Sistemas de Malha AirQ [28]

2.4.6. Libelium AQM Gas Pro

Muitos investigadores e a equipa da AQM (Benammar et al[31]) também utilizaram a plataforma Libelium com Raspberry Pi 3 como a implementação mais avançada dos módulos Libelium Gas Pro em 2018. O nó sensor comunica sem fios com a porta de entrada através de

Módulos de rádio XBee PRO. É desenvolvido um firmware dedicado para o nó sensor, conforme descrito abaixo. A plataforma de sensores Libelium foi seleccionada para os nós sensores; esta plataforma é caracterizada pela modularidade da sua arquitectura e pela sua capacidade de suportar vários sensores e módulos de comunicação. O nó sensor inclui: (i) um conjunto de sensores calibrados; (ii) uma placa de interface de sensores chamada Gas Pro Sensor Board; (iii) uma placa de processamento e armazenamento de dados, chamada Waspmote, incorporando o microcontrolador ATmega1281 que opera a 14.74 MHz, uma memória Flash de 128 kB, uma SRAM de 8 kB, uma placa de 2 GBSD, um relógio em tempo real (RTC) de 32 kHz, sete entradas analógicas, oito I/O digitais, duas UARTs, uma I2C, uma SPI, e uma porta USB; (iv) um módulo de

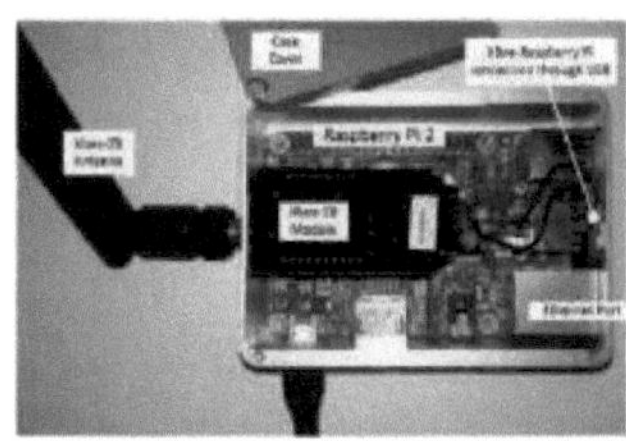

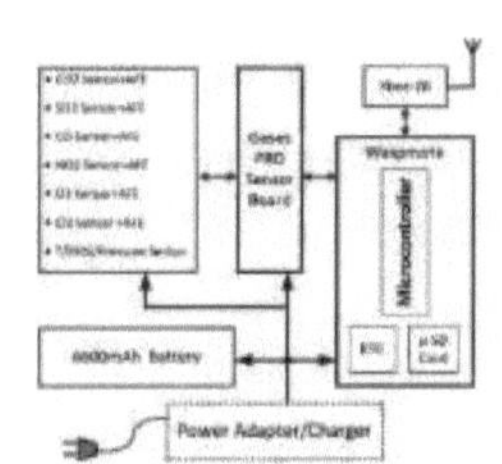

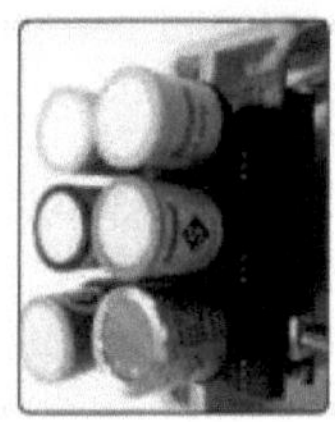

comunicação Série 2 XBee PRO (alcance de uma milha em linha de visão); e (v) uma bateria recarregável com uma capacidade típica de 6600 mAh.

a)QU AQM Gateway

b) Arquitectura do nó QU AQM e Waspmote

Cabeçalho

Fig 13. QU AQM Implantação de Sistemas AQI em interiores [29]

Na presente aplicação interior, os nós sensores são alimentados a partir das tomadas principais, e a bateria é principalmente necessária para o RTC e de reserva em caso de falha temporária de energia. Além disso, o potencial de melhoria no modelo de processamento de dados consciente do contexto e limiar de detecção foi discutido por Hasan et al em [24, 25] para o nó multi-sensor de placa única. Os esquemas de eficiência energética foram uma grande lacuna salientada por A. Abdaoui et al em [26] e M. Abderrahim em [27] foram lacunas ambientais na monitorização da qualidade do ar ambiente. A obra Lebilium Waspmote [23] era Zigbee mas precisava de apoio GSM/GPRS para a detecção ao ar livre e tem sido mais contributiva se equipada com vestígios geo-espaciais ou suporte de traçados cadastrais para todas as variáveis medidas como AirBox [24]. acomodam a detecção máxima, o processamento mínimo de dados, a estimativa AQI, e a capacidade de implantação de longo curso [30].

2.5. Redes sem fios de qualidade do ar

A monitorização AQI baseada em rede tem sido a maior preocupação em aplicações geo-espaciais interiores e exteriores para cobrir a máxima área possível. Várias tecnologias e protocolos de habilitação foram utilizados para satisfazer os requisitos diversificados e críticos neste domínio desafiante. A nível mundial, os inovadores e os utilizadores finais têm estado em décadas de desenvolvimento e melhoria desde a rádio amadora (HAM), Bluetooth, Zigbee, IR, WiFi, LoRA, NFC, GSM até ao SATCOM. O AQM IaaS de Zero Clientes a Thin Clients, e do mesmo modo, Thick Clients a Servers com actualizações de tecnologias de computação em tecnologias de comunicação em geral, bem como um elevado limite de capacidade de processamento. Os nós AQI com protocolos de comunicação relevantes tais como Near Field Communication (NFC), Xbee, e Bluetooth Low Energy (BLE) encontravam-se em dispositivos interiores iniciais. O AQM exterior depende de tecnologias de comunicação de longo alcance para aplicações à escala urbana e à escala geográfica. Desde 2019, os sistemas AQI têm vindo a avançar para WANs de longo alcance que são a) WiFi com repetidores de 10Km; b) NB- IoT Modems TRX; e c) LoRaWANs como mostrado na figura 14 abaixo.

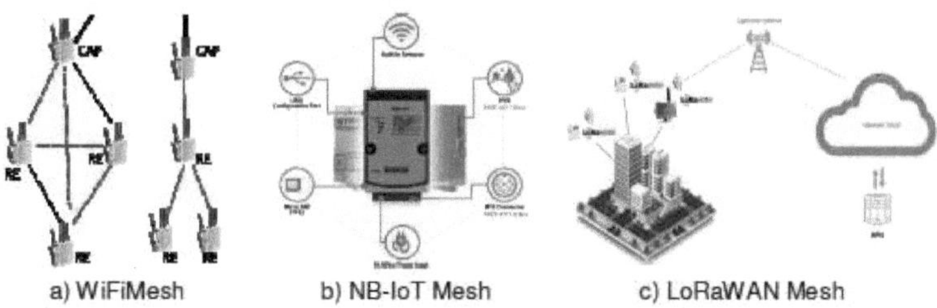

Fig 14. AQI Mesh Networking Technologies and Structures [31]

A mais recente implementação da malha AQM por Benammar et al [31] foi utilizada para AQI interior e compreendia uma rede de malha de infra-estrutura com Xbees e módulo RF200 nos nós de retransmissão, mostrados na figura 15. A arquitectura global do sistema IAQM proposto é mostrada na figura 15 (a). O sistema apresentado tinha recolhido dados AQ 18

de vários locais a uma elevada taxa de dados e simultaneamente. Os dados recolhidos foram processados e transmitidos a um servidor IoT para serem disponibilizados a utilizadores remotos, tanto em forma gráfica como tabular. Em cada sítio de medição (por exemplo, uma casa), vários nós sensores recolhem dados IAQ e enviam-nos para uma porta de entrada. O gateway processa os dados recebidos e publica os dados agregados com um carimbo de data/hora no mundo externo através da Internet.

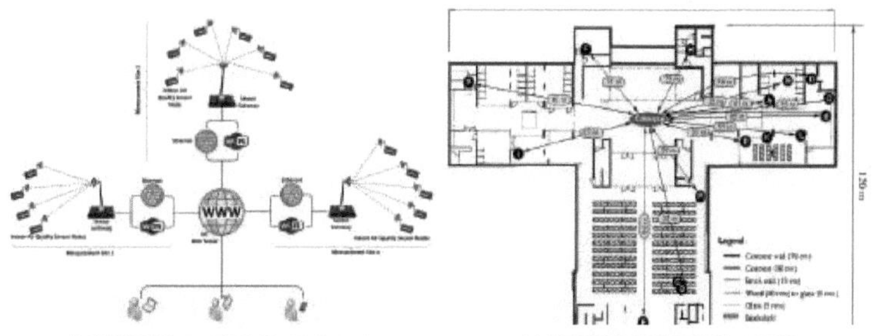

Figura 15. Rede de Malha IAQM e Aplicação IAQM [32]

O IAQM foi uma combinação de nós WSN distribuídos espacialmente como Zero Clientes enviando dados para gateways WSN gateways incorporados avançados como Thin Clients, e um servidor IoT como Thick Client. Este sistema afixou dados em tempo real no servidor. Além disso, incluiu uma ferramenta de backup de dados nos nós sensores e níveis de gateway, assegurando que não há perda de dados em caso de perda de comunicação dentro do sistema. A principal contribuição desta rede em malha IAQM foi:

a) Foi desenvolvido um sistema IAQM modular distribuído utilizando nós sensores para muitos parâmetros AQ, uma WSN, e um servidor IoT. O hardware e software do sistema são descritos em detalhe.

b) São desenvolvidas gateways que asseguram a transmissão dos nós sensores para os servidores IoT sem perda de dados. De facto, a solução incluiu um mecanismo de detecção de erros de transmissão e reapresentação de pacotes em caso de interrupção temporária da comunicação.

3. Mapeamento Autónomo AQI Sistemas IoT

3.1. SERENO V1IoT Nó para Monitorização da Qualidade do Ar Interior

A concepção de sistemas autónomos para AQM interior teve 3 grandes desafios que foram resolvidos de forma cronológica utilizando secções dedicadas [33]:

1) Secção de Gestão de Energia e Colheita de Energia
2) Secção de detecção de AQI interior
3) Secção de Comunicação de Dados e Redes de Malha
4) SeReNo V1 Sistemas e Versões de AQI Interior Fabricadas

5) 1.1. Secção de Gestão de Energia e Colheita de Energia

Para fornecer uma fonte autónoma de energia para o sistema de sensores sem fios, tivemos de ter em conta a energia que se retira do ambiente para aumentar a capacidade de armazenamento de energia da bateria (se a bateria se destinar a ser utilizada numa configuração recarregável) ou mesmo substituí-la completamente.

Fig 16. SeReNo V1: Secção de Gestão de Energia e Colheita de Energia [33] Na fig. 16, vemos as fontes de energia trabalhando em conjunto em funcionalidades de recuperação de energia concorrente e são as seguintes:

a) Uma colhedora de energia vibratória dedicada à conversão de energia de outras formas de desperdício de vibrações mecânicas em energia eléctrica utilizável. Para melhor o conseguir, o ressonador mecânico foi montado numa configuração à medida, afinando a frequência natural da ceifeira para corresponder às fontes de vibração. O ressonador mecânico é baseado em materiais PZT (número de referência V25W série Volture da Mide Inc.). Exemplos da potência gerada para diferentes combinações de frequências de ressonância/massa sísmica/acelerações são dados abaixo:

- Frequência regulada para 75 Hz com 0,5 g e 16 g de massa sísmica; Potência extraída = 2,3 mW

-Frequência sintonizada a 130 Hz com 0,5 g e 2,5 g de massa sísmica: Potência extraída = 0,8 mW

- Frequência sintonizada a 180 Hz com 0,5 g e 0 g de massa sísmica: Potência extraída = 0,6 mW

b) Seis geradores termoeléctricos de alto rendimento (TEG) com efeito termoeléctrico altamente eficiente (número de referência TG12-2.5-01L da Marlow Industries Inc.). Os rácios de corrente/voltagem sob diferentes gradientes de temperatura são relatados abaixo.

- 5 °C: ICC= 47 mA a 75 mV (potência transferida = 0,5 mW)
- 15 °C: ICC= 127 mA a 200 mV (potência transferida = 3,8 mW)

c) Uma fonte de alimentação de RF a 900 MHz (ver Fig. 1, Bloco 3 [32]) baseada no receptor da colhedora Powercast P2110 que converte RF em DC. Este módulo apresenta alta eficiência e consumo de energia ultralíquido.

d) Uma célula solar de silício amorfo de película fina interior (ver Fig. 1, Bloco 4 [32]) como fonte de energia com uma densidade de potência de 0,035 ^W/mm2 a 200 lux (número de referência 12/096/048 de Solems S. A. France). Os rácios de corrente/voltagem sob diferentes níveis de iluminação são

-200 lux (luz artificial): 33цA a 4.8 V DC,

-1000 lux (luz artificial): 165цA a 5,4 V DC.

e) Uma célula solar de silício amorfo de película fina ao ar livre (através de janela) (ver Fig. 1, Bloco 5 [32]) como fonte de energia com uma densidade de potência de 6 ^W/mm2 a 200 W/m2 (número de referência 12/096/072 de Solems S. A. France). Os rácios de corrente/voltagem sob diferentes níveis de iluminação são:

-200 W/m2 (luz natural): 7 mA a 6V DC.

-1000 W/m2 (luz natural): 33 mA a 6,5V DC.

O LTC3109 altamente integrado juntamente com os conversores LTC3330 ideais para a colheita de energia excedente de fontes de tensão de entrada extremamente baixa têm sido utilizados para o ressonador mecânico e secção TEG. Em particular, o módulo LTC3109 foi concebido para utilizar dois pequenos transformadores externos step-up (o rácio adoptado é de 1:100) para criar um conversor CC/CC de ultra baixa tensão de entrada e um gestor de energia que pode funcionar a partir de uma tensão de entrada de qualquer das polaridades. Esta capacidade permite a recolha de energia dos TEG em aplicações onde o diferencial de temperatura através do TEG pode ser de polaridade (ou desconhecido). Esta função cobre automaticamente o SENNO empilhado numa janela, no caso em que as diferenças entre as temperaturas ambientes externas e a temperatura ambiente interior, em que a polaridade térmica muda, por exemplo com as estações, pode servir como fonte de colheita de energia. O conversor de energia gere a carga e a regulação de múltiplas saídas num sistema em que a potência média de extracção é muito baixa, mas onde podem ser necessários impulsos periódicos de corrente de carga mais elevada. Esta abordagem é crucial onde a absorção de energia quiescente é extremamente baixa a maior parte do tempo, excepto no caso de dados sem fios que transmitem impulsos quando os circuitos são alimentados para efectuar medições e transmitir dados. Na concepção dos nós SENNO, também concentrámos a nossa atenção num captador de energia RF, que só pode produzir uma pequena quantidade de energia; contudo, é mais estável do que a energia solar, piezo-magnética, e termoeléctrica. As frequências alvo da colheita de energia RF ambiente são 500 MHz, 900 MHz, e 2,45 GHz. Por exemplo, como indicado na ref. 17, Parks et al. realizaram com sucesso uma operação de nodo sensor utilizando a recolha de energia RF a partir de uma onda de rádio de transmissão de televisão digital de 500 MHz. A frequência de 2,45 GHz é amplamente utilizada para sistemas de comunicação, tais como Wi-Fi e Bluetooth. Olgun et al. desenvolveram uma técnica para conduzir continuamente um sensor de temperatura e humidade com um ecrã de cristais líquidos (LCD) utilizando uma ceifeira-debulhadora de energia RF Wi-Fi. Na presente investigação, concentramo-nos na utilização de um módulo de colheita de RF que opera na banda ISM de 902-928 MHz, utilizando o módulo Powercast P2110 que fornece uma tensão de saída variável, no nosso caso definida para 5,25 V (como valor máximo), para carregar o Super Capacitor em OU lógico com as outras fontes de energia. O P2110 converte a energia RF para DC e armazena-a num condensador (no pino do Vcap). Quando é atingido um limiar de carga (1,25 V) no condensador, o P2110 aumenta a tensão para o nível de tensão de saída definido e produz a tensão de saída. Os condensadores maiores irão carregar mais lentamente, mas resultarão em ciclos de operação mais longos. Durante os testes experimentais, adoptámos um condensador de 330 mF. O valor do condensador determinará a quantidade de energia disponível a partir do pino VOUT. Para determinar a quantidade de energia recuperada desta fonte, os testes foram realizados numa câmara anecóica utilizando o transmissor codificado TX91501 com uma potência de transmissão de 3 W de potência isotrópica irradiada efectiva (EIRP). Usando a lei da energia recuperada (em pW) de 3 W de potência EIRP a 915 MHz segue a lei expressa pela função exponencial POUT [pW] = 1196,49-d-2,50, onde d (em m) representa a distância entre o transmissor e o receptor. A título de exemplo:

-a 2,0 m com RF 3 W EIRP (915 MHz) de potência transmitida, recuperamos a potência de 194 pW.

- a 5 m com RF 3 W EIRP (915 MHz) de potência transmitida, recuperamos a potência de 21 pW.

Com base nos resultados experimentais e na equação de transmissão Friis para espaço livre, precisamos de uma EIRP de aproximadamente 30 W a 915 MHz de potência de transmissão para cobrir uma área aberta de 100 m2. Foram também realizadas medições para definir o tempo de carga do Super Capacitor de 330 mF. No pior caso, o tempo de carga foi de cerca de 10 h (considerando a distância entre SENNO e o módulo transmissor de cerca de 3 m com uma potência de transmissão de RF de 3W EIRP a 915 MHz ou 10 m com uma potência de transmissão de RF de 30 W EIRP a 915 MHz).

1.1.1. Secção de detecção de AQI interior

O principal objectivo do nosso sistema era construir uma ferramenta de monitorização da qualidade do ar que medisse os poluentes com sensores compactos de baixo custo. Podem ser encontrados no mercado vários tipos de transdutores químicos de gás prontos a usar. Cada transdutor de gás tem um princípio de funcionamento, tamanho, precisão e consumo de energia diferentes, que variam com o tipo de sensor, como mostrado na fig. 17.

Fig 17. SeReNo V1: Indoor AQI Sensing Section[33]

Fig 17. SeReNo V1: Secção de detecção de AQI interior[33]

Com a utilização de tecnologia electroquímica, este tipo de sensor apresenta tanto pequenas dimensões como um tempo de resposta curto. Além disso, os sensores electroquímicos oferecem várias vantagens para sistemas que detectam ou medem as concentrações de diferentes gases tóxicos.

Todos os elementos sensores são adaptados ao gás e mostram resoluções de cerca de uma parte por milhão (ppm) de concentração de gás que correspondem aos requisitos da Agência de Protecção Ambiental dos EUA (EPA). Operam com uma quantidade muito pequena de corrente, o que os torna bem adaptados aos nós sem fios auto-alimentados. No nosso projecto, adoptámos os seguintes sensores electroquímicos: NE4-CO monóxido de carbono, NE4-NO2 dióxido de azoto, NE4-NO monóxido de azoto, NE4-H2S sulfureto de hidrogénio NE4-CL2 cloro e sensores NE4-NH3Ammonia da NEMOTO (exemplos dos sensores integrados nos PCBs são mostrados na Fig. 17. Os sensores de temperatura/humidade e pressão barométrica (Sensirion SHT21 e Freescale MPL3115A2 mostrados na Fig. 17 foram também adoptados na placa de sensores. Isto porque os dados detectados do transdutor de gás são susceptíveis à temperatura e humidade ambiente, enquanto que a pressão barométrica é um parâmetro importante a ser correlacionado com os dados dos poluentes atmosféricos.

3.1.3. Secção de placas de sensores de processamento de dados

A placa de sensores foi alimentada utilizando um 1F Super Capacitor carregado da secção de colheita a 5V DC, enquanto a electrónica de condicionamento de sinal de todos os sensores, o microcontrolador, e os transceptores de 433 MHz são alimentados a 2,5V DC. O controlador principal é construído em torno de um Microchip PIC24 de 16 bits com nanowatt de consumo de energia extremamente baixo (XLP) com uma corrente de alimentação em modo SLEEP de 500nA. O microcontrolador tem nove canais analógicos dedicados com contador analógico-digital interno de 10 bits (ADC) de conversão (SAR). A secção de condicionamento de sinal do sensor de gás foi desenvolvida utilizando amplificadores operacionais Linear LT6004. O LT6004 apresenta uma corrente de alimentação ultra baixa (1 pA a 2,5V DC) e uma baixa tensão de funcionamento combinada com excelentes especificações do amplificador, tais como uma tensão de offset de entrada de 500pV no máximo, com um desvio típico de apenas 2pV/°C, uma corrente de polarização de entrada de 60pA no máximo, e um ganho em circuito aberto de 100000 que o torna ideal quando é necessário um excelente desempenho em aplicações com bateria menos potente do ponto de vista ambiental. O receptor e transmissor de 433 MHz são módulos da Linx Technology que podem funcionar a 2,5V DC com consumo de corrente de 5 mA nos modos de transmissão e recepção, como mostrado na fig. 18.

Fig 18. SeReNo V1: Secção de placas de sensores de processamento de dados [33]

O ADG918, com apenas 1pA de consumo de corrente, de dispositivos analógicos é utilizado para mudar o sinal da antena dos módulos receptor e transmissor; assim, apenas uma antena externa é utilizada para comunicação bidireccional. O principal objectivo do nosso sistema era construir uma ferramenta de monitorização da qualidade do ar que medisse os poluentes com sensores compactos de baixo custo.

3.1.4. Secção de Redes de Malha

A comunicação é um aspecto essencial, mas faminto de poder, do SeReNo-V1. A operação energeticamente eficiente requer uma gestão cuidadosa, como as operações de programação do sistema, e só aplica energia a um módulo transmissor quando os dados estão prontos. É também importante desenvolver um sistema robusto de transmissão de protocolo de poupança de energia que garanta um baixo consumo de energia e ao mesmo tempo a integridade dos dados num ambiente ruidoso. No SeReNo-V1, foi aplicado um protocolo de transmissão à técnica de codificação Manchester para obter um sistema robusto de transmissão de dados. Neste tipo de codificação, o nível lógico "1" é definido como uma transição de ponto médio de um pulso baixo para um pulso alto, e o nível lógico "0" é definido como uma transição de ponto médio de um pulso alto para um pulso baixo. Cada largura de impulso tem um tempo de 1 ms; assim, cada nível lógico tem uma duração de tempo de 2 ms. Os impulsos de largura de precisão são obtidos utilizando os temporizadores internos do PIC24, cujas principais características são a repetibilidade e uma referência estável da fonte de quartzo. O pacote de dados transmitidos é composto por um sinal de sincronização com um pulso de alto nível de 10 ms, outro sinal de sincronização com um pulso de baixo nível de 10 ms, 24 transições "1" para "0" (1 ms para cada pulso), os dados obtidos pelos sensores e um sinal final que termina a transmissão com pulsos codificados de nível lógico "1". Os dados enviados pelo primeiro protótipo SENNO (onde foram instalados sensores de NO2 e CO) contêm por ordem o SENNO ID (10 bits), que identifica o nó, o ADC que induz a conversão do sensor analógico CO (10 bits), o ADC que induz a conversão do sensor analógico NO2 (10 bits), a temperatura (16 bits), a humidade relativa (RH) (16 bits), a pressão barométrica (18 bits) e a verificação da redundância cíclica (CRC) (16 bits) calculada utilizando os dados anteriores com um algoritmo específico. Todo o ciclo de transmissão tem uma duração total de cerca de 600 ms, o que leva, com 16 mW de potência necessária durante o funcionamento, ao consumo de energia de cerca de 10 mJ.

3.1.5. SeReNo V1 Sistemas e Versões de AQI Interior Fabricadas

Um nó genérico multi-variável SeReNo-V1 AQI consistiu de sensores recomendados pela EPA para VO-AQI com base na equação (4), condicionamento de sinal específico da aplicação, potência, e secções de comunicação. O diagrama de blocos de um nó AQI genérico é apresentado abaixo na figura 19.

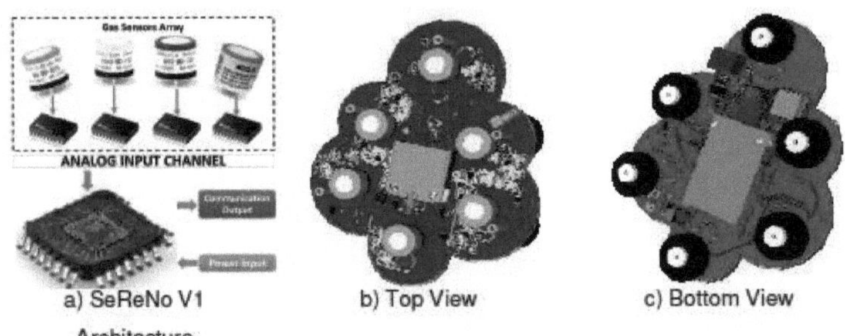

Figura 19. Um Detector AQI Genérico Multi-Variável [34]

Nos nossos trabalhos anteriores [16, 17, 21, 22], tínhamos preenchido as lacunas de design na monitorização da qualidade do ar interior e desenvolvemos um nó AQI multi-sensor chamado Sensores V1 revisão 1 e revisão 2 apresentado na figura 19. No nosso próximo trabalho de investigação, propusemos um novo nó O- AQM, melhorando a arquitectura do sistema do SeReNo V1 como o SeReNo V2 apresentado na figura 20.

3.2. SERENO V2 Nó para Mapeamento da Qualidade do Ar Exterior

No nosso trabalho recente [26] tínhamos desenvolvido nós SeReNo V2 testados para operações autónomas de longo curso de 1,5 anos que foram melhoradas neste trabalho. O nó SeReNoV2 existente foi melhorado com GAM e AQI-EE para satisfazer as necessidades mais avançadas. A concepção de sistemas autónomos para AQM interior teve 3 grandes desafios que foram resolvidos de forma cronológica, utilizando secções dedicadas:

1) SeReNo V2 Plataforma Sensora AQM
2) Inovação Autónoma da Arquitectura do Sistema IoT
3) Modelo de Detecção Multi-Variável de Gradiente em Tempo Real (GAM)
4) Motor de Estimação AQI em tempo real (AQM-EE)
5) Secção de Redes de Malha de Mapeamento AQI

6) SeReNo V2 Sistemas e Versões de AQI Interior Fabricadas

7) 2.1. SeReNo V2 Plataforma Sensora AQM

O primeiro passo nesta investigação foi a directiva central de investigação de descobrir as variáveis práticas que contribuem para a AQM e a métrica fiável de segurança da poluição e colheita de energia resumida como = camada de aplicação (1Mbit RAM (23LC1024), uC (ATMEGA328P-M), Série (FT232L) OLED (LS013B4DN04) + Camada de Rede (GSM (QuectelM10), GPS (FGPMMOPA6H) + Camada de Percepção {G-Sensors Block (4 x AFEs I2C com (LMP91000 + MMBFJ177)) + Bloco E-Sensores (SHT21, MPL3115A2, GP2Y1010AU0F, IAQ-CORE_P)} + Bloco Harvester PV (MAX17710) + Bloco de Armazenamento (MAX6433) + Bloco Ext PS (LM7805CDT) = 2220.038mW. A arquitectura do sistema do sistema AQM V2 é apresentada na fig. 20 abaixo.

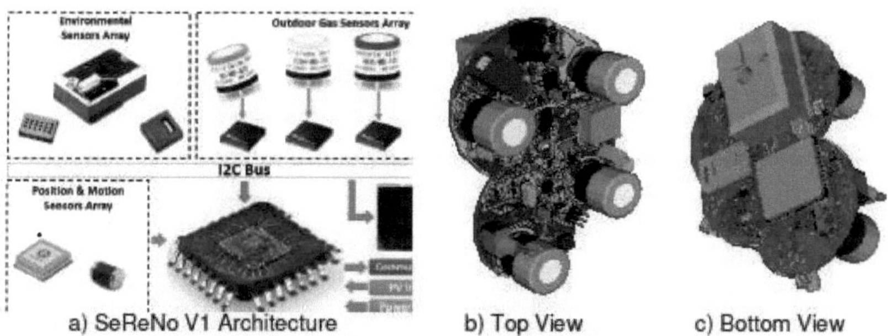

a) SeReNo V1 Architecture b) Top View c) Bottom View

Figura 20. Um sensor genérico multi-variável AQM [20]

8) 2.2. Inovação da Arquitectura Autónoma do Sistema IoT

Para reduzir o consumo de energia em redes de sensores sem fios (WSN), foi proposto um novo Clustering Routing baseado no Algoritmo Dijkstra (C.R.D.A). O nosso principal objectivo na proposta de C.R.D.A. é definir um novo algoritmo de encaminhamento em clustering que permita reduzir o consumo de energia. Por conseguinte, utilizámos um modelo de teoria de jogo para encontrar a colocação óptima dos nós do lava-loiça. A probabilidade global de interrupção pode ser escrita como:

$$OP^{SB}_{system} = 1 - \left(1 - \prod_{i=1}^{L} OP^{SB}_{N_1}\right)\left(1 - \prod_{i=1}^{L} OP^{SB}_{N_2}\right) \quad (1)$$

2.3. Modelo de sensoriamento multi-variável (GAM) de gradiente em tempo real

Foi necessário um vector de séries temporais de dados estruturados multi-variáveis em tempo real para prosseguir com AM. Consideremos um índice de qualidade do ar exterior (O-AQI) padrão EPA variáveis em tempo real como temperatura T em graus centígrados, pressão P em pascal, humidade H em %, compostos orgânicos voláteis VoC (ppm), partículas em suspensão como PM(ppm), ozono como O3(ppm), dióxido de azoto como NO2(ppm), monóxido de carbono como CO2(ppm), e dióxido de enxofre como SO2(ppm). Os dados de O-AQI em tempo real foram propostos como uma série temporal comutativa multi-variável VO-AQI de duas séries temporais não lineares com t1 e t2 de dados ambientais E e sensores de gás G a uma determinada geo-localização L dada como:

$$V_{O\text{-}AQI}(t) = [E(t_1), G(t_2)] : L(t) \qquad (2)$$

onde t = (0, 1,2, 3, ...}

A praticidade do tempo de resposta dos sensores heterogéneos foi tida em conta para a decomposição não linear da série temporal t, o tempo de resposta dos sensores de gás t2 é maior do que o tempo de resposta dos sensores ambientais t1 com relação t2> t1 dada como:

$$t_2 = 3t_1 \qquad \text{where } [t_1, t_2] \in t \qquad (3)$$

As variáveis ambientais do sensor função E para a matriz de sensores $_{AE}$(T, P, H, VoC, PM) como E($_{AE}$, t1); e para a matriz de sensores de gás $_{AG}$(O3, NO2, SO2, CO) como G($_{AG}$, t2) e o vector de posição L como função de referência GPS utilizando a localização das células da rede GSM (utilizando AT+CIPGSMLOC=1,1) para LGPRS e o módulo GPS como LGPS (utilizando AT+CGPSINF). Para AQM preciso, o LGPS deve pertencer à inclinação do LGPRS1 e LGPRS2 num determinado formato de inclinação pelo especificador NEMEA para células consecutivas é dado como:

$$L_{GPS}(X, Y) \in [L_{GPRS1}(X2, Y2), L_{GPRS2}(X1, Y1)] \qquad (4)$$

O LGPS acordado foi designado como L(t) onde a condição (3) foi satisfeita. Das equações (1), (2), e (3) o vector AQM finalizado de VO-AQI foi derivado como:

$$V_{O\text{-}AQI}(t) = [E(A_E(T, P, H, VoC, PM), t_1), G(A_G(O3, NO2, SO2, CO), t_2)] : L(t) \quad (5)$$

A transmissão deste vector AQM estruturado pode ser de sanguessuga de potência. Aqui introduzimos um vector de impacto gradiente em função do tempo de aquecimento tW, do classificador de sensibilidade cruzada CS, da geo-localização L(t), e da eficiência energética EE. Três condições de valor limite que aplicámos no GAM programado no firmware SeReNo V2:

a) A unidade de sistema obrigatória para permanecer ligada é o micro-controlador com consumo de energia PM e em modo de repouso, tem energia PM-SLEEP com todos os sensores críticos activos apenas.

b) Para EE o sistema tem de ter potência instantânea Pi variando entre PM- SLEEP < Pi< PM.

c) O tW tinha de estar na secção inferior da curva de Pi. Do mesmo modo, na magnitude constante do vector AE em tn e tn+1, a diferença de sensibilidades cruzadas teve de se manter constante a um determinado L(t).

9) .4. Motor de Estimação AQI em tempo real (AQM-EE)

A magnitude AQI é estimada a partir de 6 variáveis aéreas críticas ou designadas como poluentes, ou seja, PM, VoC, O3, NO2, SO2, CO, e chumbo. A variável crítica com a magnitude máxima AQI é denominada como o "poluente principal" e todo o cálculo gira em torno dos seus números significativos entre todas as variáveis aéreas críticas. Que Ip seja o índice do principal poluente; Cp como a concentração arredondada do poluente p; BP-alto como o ponto de quebra maior ou igual a Cp; BP-baixo como o ponto de quebra menor ou igual a Cp; Ihigh é o AQI correspondente ao BP-alto; Ilow é o AQI correspondente ao BP-baixo. O AQI é estimado genericamente como:

$$I_P = [(I_{high} - I_{low})/(B_{P-high} - B_{P-low})] \times (C_P - B_{P-low}) + I_{low} \quad (6)$$

Cada poluente foi formulado usando a equação (5) e dado por em equações (6 a 11).

$$I_{O3} = [(I_{high} - I_{low})/(B_{O3-high} - B_{O3-low})] \times (C_{O3} - B_{O3-low}) + I_{low} \quad (7)$$

$$I_{SO2} = [(I_{high} - I_{low})/(B_{SO2-high} - B_{SO2-low})] \times (C_{SO2} - B_{SO2-low}) + I_{low} \quad (8)$$

$$I_{CO} = [(I_{high} - I_{low})/(B_{CO-high} - B_{CO-low})] \times (C_{CO} - B_{O3-low}) + I_{low} \quad (9)$$

$$I_{NO2} = [(I_{high} - I_{low})/(B_{NO2-high} - B_{NO2-low})] \times (C_{NO2} - B_{NO2-low}) + I_{low} \quad (10)$$

$$I_{PM} = [(I_{high} - I_{low})/(B_{PM-high} - B_{PM-low})] \times (C_{PM} - B_{PM-low}) + I_{low} \quad (11)$$

$$I_{VoC} = [(I_{high} - I_{low})/(B_{VoC-high} - B_{VoC-low})] \times (C_{VoC} - B_{VoC-low}) + I_{low} \quad (12)$$

O principal objectivo do nosso sistema era construir uma ferramenta de monitorização da qualidade do ar que medisse os poluentes com sensores compactos de baixo custo. Podem ser encontrados no mercado vários tipos de transdutores químicos de gás prontos a usar. Cada transdutor de gás tem um princípio de funcionamento, tamanho, precisão e consumo de energia diferentes, que variam com o tipo de sensor. Com a utilização de tecnologia electroquímica, este tipo de sensor apresenta tanto um tamanho pequeno como um tempo de resposta curto. Além disso, os sensores electroquímicos oferecem várias vantagens para sistemas que detectam ou medem as concentrações de diferentes gases tóxicos.

10) .5. Secção de Redes de Malha de Mapeamento AQI

Neste trabalho, foi proposto um portal autónomo com base no chip SoC on-chip com a dualradio Li-Mesh (LoRA/GSM) para rede de malha à escala urbana para AQM usando o Diagrama de Voronoi [20] para a plotagem espacial para AQM. Este gateway preencheu as principais lacunas de a) matriz de compensações geográficas para uniformidade na grelha de medição; b) problema de mobilidade igualmente amostrado devido a variações nas estradas e tipografia terrestre; c) sustentabilidade da rede de malha devido a perdas de sinal RF; d) disponibilidade de energia/energia e sustentabilidade para a capacidade de sobrevivência do gateway.

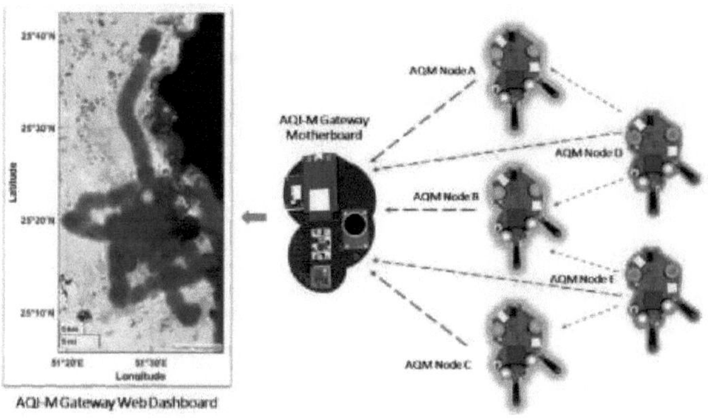

Fig 21. SeReNo V1: Secção de placas de sensores de processamento de dados

Os cinco nós AQM A-E enviam dados para a porta de entrada em duplo rádio com base na força do sinal e na disponibilidade do próximo salto. Os nós mais afastados da gama LoRA e WiFi do portal são apresentados na cor vermelha e os nós mais próximos na cor cian. Os nós A-C podem também funcionar como nós de relé para empurrar os dados recolhidos dos nós mais distantes do portal. Os dados recolhidos no portal com base nas coordenadas GPS são apresentados como mapas geoespaciais exibindo os dados e localizações.

11) .6. SeReNo V2 Sistemas e Versões de AQM Interior Fabricadas

A placa SeReNoV2 é constituída por duas camadas e dois lados, ou seja, 4 planos condutores. As duas vistas do PCB são apresentadas para referência com detalhes na fig. 22.

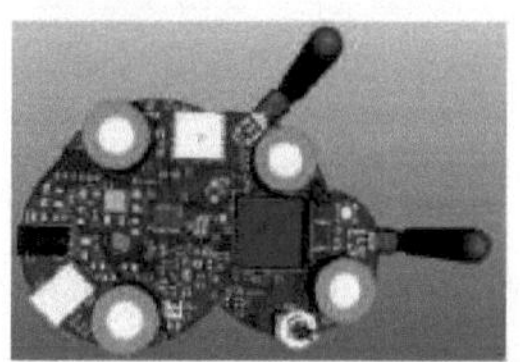

a. Top View of 3D PCB Design Layout

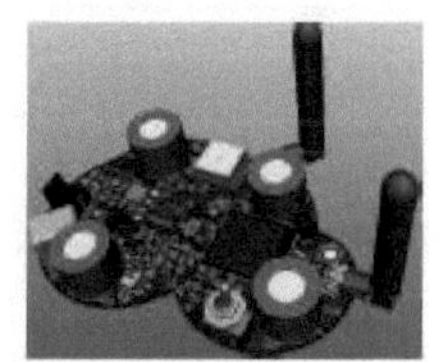

b. Perspective Top View SeReNoV2

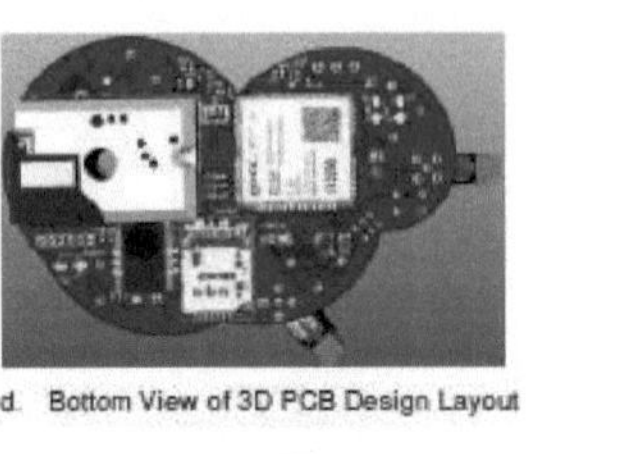

d. Bottom View of 3D PCB Design Layout

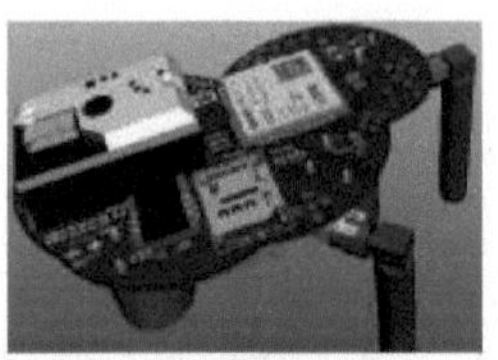

e. Perspective Bottom View SeReNoV2

f. Professional Enclosure Assembly Layout A

g. Professional Enclosure Assembly Layout B

Fig 22. Vista de Produção do SeReNoV2 totalmente montado com Antena GSM Dupla

O BoQ foi gerado e o sistema fabricado é apresentado na figura 22. Os nós SeReNoV2 fabricados foram programados e totalmente montados com baterias e antenas e apresentados na figura 23.

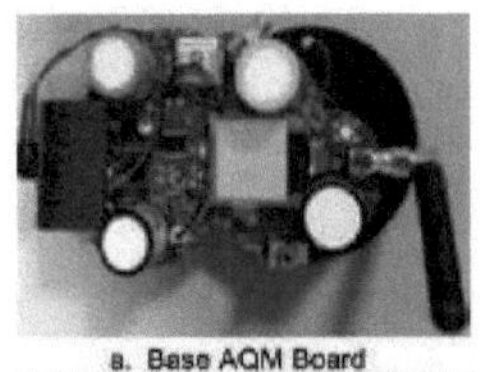

a. Base AQM Board

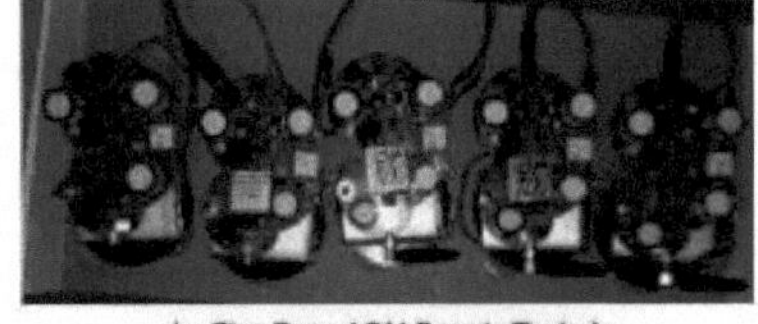

b. Five Base AQM Boards Tested

c. Different Versions of SeReNo V2

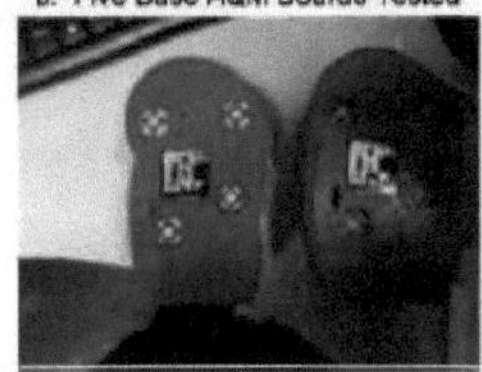

d. Version 2A

Fig 23. Unidades completas montadas do SeReNoV2 Revisto

A placa SeReNo2 foi testada para níveis de campo de 3V e 10V Banda: 0.15MHz+80MHz.

Os Apêndices B e C encontram-se em anexo para mais informações.

4. Sistemas de Qualidade do Ar e Mecanismos de Implantação em Rede

Os resultados foram resumidos em duas secções distintas com base nos objectivos e pacotes de trabalho. Neste objectivo, foram adoptadas quatro etapas de forma abrangente, tal como mencionado nas IRs. Os quatro métodos utilizados para os testes e implantação do SeReNo2 são mencionados abaixo:

- Implantação estática de nós AQM.
- AQM móvel no Qatar nos principais Pontos de Referência e Estádios.

4.1. Implantação estática de nós AQM no Qatar e em Itália

A Estação WolfPack e as duas versões do SeReNo2 foram implantadas em QU Greenhouse e os seus primeiros 500+ pontos de dados foram muito medidos e registados como na fig. 24.

a. WolfPack AQM Station by GreyWolf b. Quadro SeReNo2 sob Teste

Fig. 24. Três Procedimentos de Teste de Campo ao Ar Livre com 1 Semana de Duração

Os pontos de dados recolhidos a partir destes destacamentos são apresentados na figura 5 na Discussão da secção de resultados. Os dados da IdC foram recolhidos na plataforma IdC da Ubidots e analisados no MATLAB 7. A Estação Wolf Pack e as duas versões do SeReNo2 foram implantadas em QU Greenhouse e os seus primeiros 500 pontos de dados foram medidos e registados.

a. Outdoor Deployment in Brescia, Italy

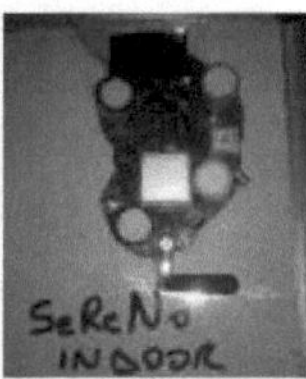

b. Indoor Deployment in Brescia University Lab, Italy

Fig 25. Detalhes da implantação da AQM a longo prazo em Itália

Após as placas terem sido implantadas, os SIM GSM foram inseridos e os pacotes de dados foram carregados para permitir a conectividade à Internet para monitorização e registo remoto de dados. Do mesmo modo, na Universidade do Qatar, foram seleccionados quatro locais em Doha, sob recomendação do ESC.

1. Laboratório de Investigação B09, Faculdade de Engenharia, Universidade do Qatar.
2. Greenhouse, Colégio de Artes e Ciência, Universidade do Qatar.
3. Estação Meteorológica-Caravan, Women Activity Center, C05, Universidade do Qatar.
4. Centro da Primeira Infância, Universidade do Qatar.

Os detalhes geográficos dos sítios do Qatar são apresentados na figura 26 apresentada abaixo.

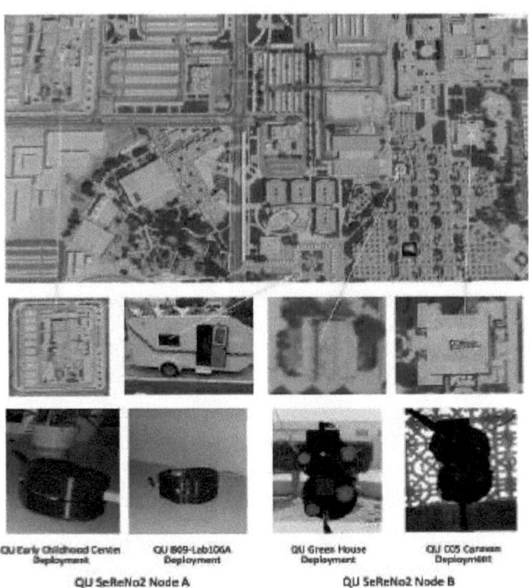

Fig 26. Instalações a longo prazo no Qatar em quatro locais na Universidade do Qatar

Os dados registados e analisados na plataforma IoT e utilizando MATLAB são apresentados em

secção 6.

4.2. AQM Móvel Grandes Marcos e Estádios da FIFA no Qatar

Uma equipa de um RA e dois estudantes da UG foi dedicada a três viagens em Doha para a AQM à escala urbana. As viagens estão resumidas na Tabela 1. Todos os dados relativos a estas viagens foram recolhidos nas plataformas Thing Speak IoT. Cada ponto foi medido durante 30 minutos. Os geo-plots e a análise espacial realizada nestas viagens são estes marcos apresentados nas secções de resultados.

Quadro 1. Viagens AQM para Escala Urbana AQM

Viagem 1: Marco Nacional A	**Viagem 2: Estádios da FIFA**	**Viagem 3: Marco Nacional B**
1 Universidade do Qatar	8 Khalifa Internationa Estádio	16 Pearl Qatar
2 Lusail Cidade Inteligente	9 Estádio de Al Bayt	17 Corniche

3 Mall of Qatar	10Al Estádio Janoub	18 Edifício QP, Corniche
4 Cidade da Educação	11Al Estádio de Rayyan	19 Edifício MME
5 Villagio Mall	12 Estádio da Cidade da Educação	20 Centro da Cidade
6 Complexo Médico Hamad	13Al Estádio de Thumama	21 Aeroporto Internacional de Hamad
7 Fundação Qatar	14 Estádio de Ras Abu Aboud	
8 QNCC	15 Estádio de Lusail	

Para uma metodologia de investigação detalhada, os resultados foram resumidos em duas secções distintas com base nos objectivos e pacotes de trabalho.

4.3. Implementações do sistema AQM e aprendizagem de máquinas

O sistema AQM totalmente montado e testado foi implantado nos locais mencionados na secção 7.4. Numa fase posterior, houve análise de dados estatísticos e aprendizagem de máquinas. Os resultados podem ser resumidos em três secções:

1. Amostragem de Dados AQM, Medição, e Análise Estatística.
2. Registo e Comparação de Dados de IoT.
3. Aprendizagem de máquinas e exploração de dados.

4.3.1. AQM Amostragem de Dados, Medição e Análise Estatística

Os dados de teste e comparação foram realizados ponto a ponto para os pontos amostrados relativos ao WolfPack 3.0 para o mesmo conjunto de sensores apresentados na figura X abaixo e os resultados detalhados podem ser encontrados no Anexo. A análise de dados estatísticos resumidos em MATLAB para o monóxido de carbono é apresentada abaixo nas Figuras27 e 28.

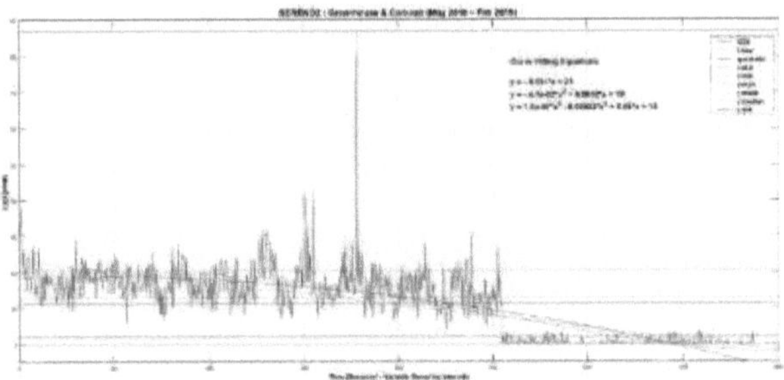

Fig 27. Análise Estatística dos Dados de Dióxido de Carbono em Caravanas e Estufas

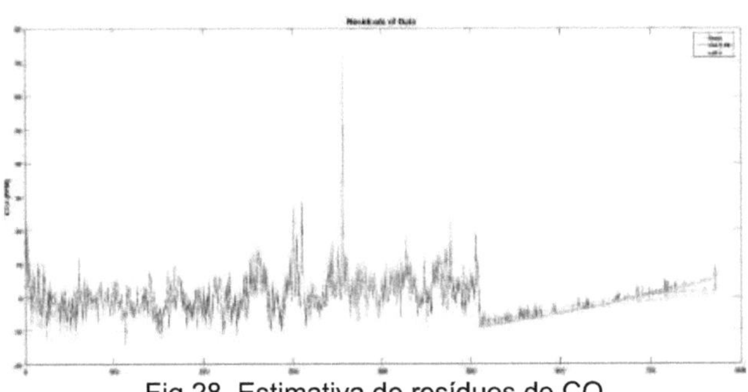

Fig 28. Estimativa de resíduos de CO

4.3.2.AQM Registo e comparação de dados IoT

Um conjunto de dois nós foi implantado em quatro locais na Universidade do Qatar, Doha, Qatar, e dois nós na Universidade de Brescia, Brescia, Itália nos locais mencionados na secção 5.1.O registo de dados IoT foi realizado em Ubidots e Thing Speak. Esta secção tem 2 quadros de implantação.

1. Registo de dados estático de sítios AQM em Ubidots.
2. Viagens móveis AQM em Doha, em marcos nacionais.

4.3.2.1. Sítios estáticos de AQM AQM Registo de dados em Ubidots Plataforma IoT

As cordas de ligação para Ubidots Education com TOKENs únicos foram programadas em cada um dos dispositivos. Uma visão geral desta implantação é apresentada abaixo. Os dados da plataforma Ubidots IoT estão expostos nas Figuras 29 e 30.

a. Universidade do Qatar Interior AQM Visão geral da implantação em Ubidots IoT

b. Gráficos de Nós QU SeReNo2 de 1 de Janeiro de 2018 a 22 de Março de 2019 Fig29 Os Nós do Sistema AQM e Formatos de Visualização Ubidots IoT

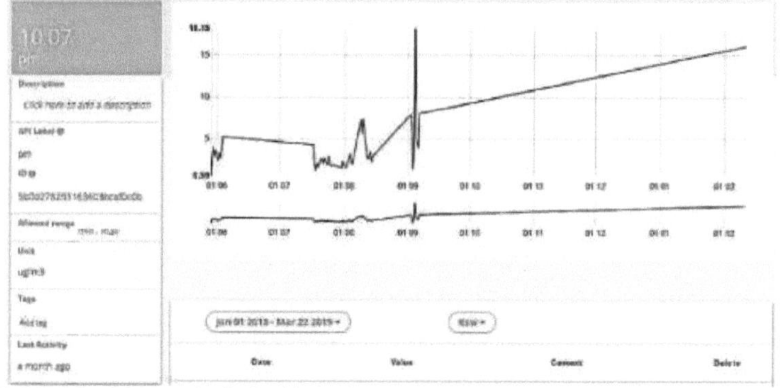

Fig30. Matéria particulada (1 de Janeiro de 2018, a 22 de Março de 2019)

Todas as parcelas de dados de sensores afixados na plataforma IoT podem ser observadas pelo proprietário da conta.

4.3.2.2. Sites AQM Móveis Registo de Dados IoT na Plataforma Thing Speak IoT

O registo de dados na Thing Speak IoT está principalmente centrado nas Viagens AQM apresentadas na Tabela 1. Este marco foi o núcleo deste projecto devido a ser o mapeamento da qualidade do ar à escala urbana, como na fig. 31.

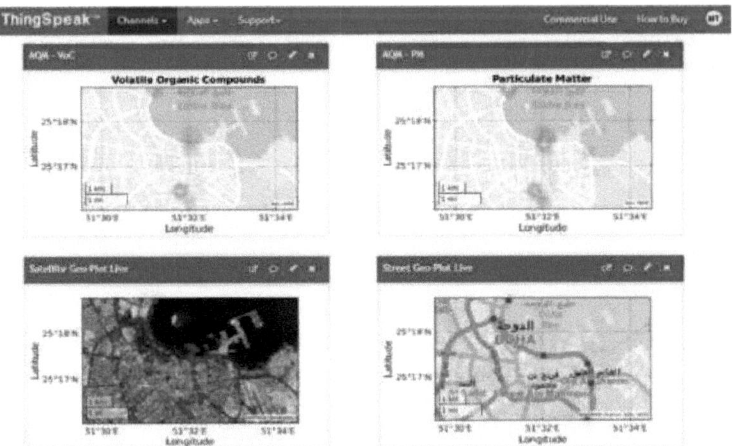

Fig31. AQM móvel em tempo real na plataforma Thing Speak IoT

Este marco foi o núcleo deste projecto por ser o mapeamento da qualidade do ar à escala urbana.

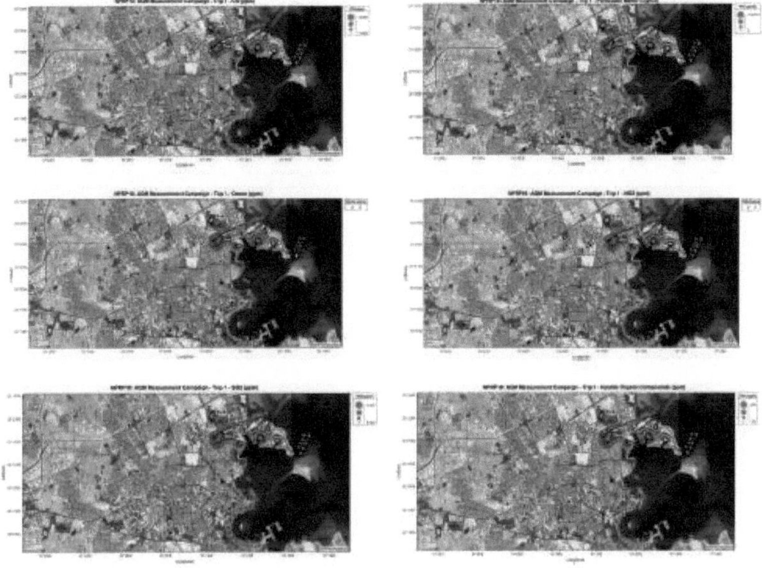

Fig32. AQM móvel em tempo real na plataforma Thing Speak IoT

Toda a implementação do AQM móvel pode ser executada utilizando os sistemas desenvolvidos.

5. AQ Machine Learning and Data Mining

Todos os dados recolhidos foram ainda transformados em modelos de aprendizagem mecânica para aplicações críticas como a previsão AQM. Todos os pré-processamentos e respectivos resultados durante este fluxo de trabalho ML são exibidos nas figuras 33 e 34.

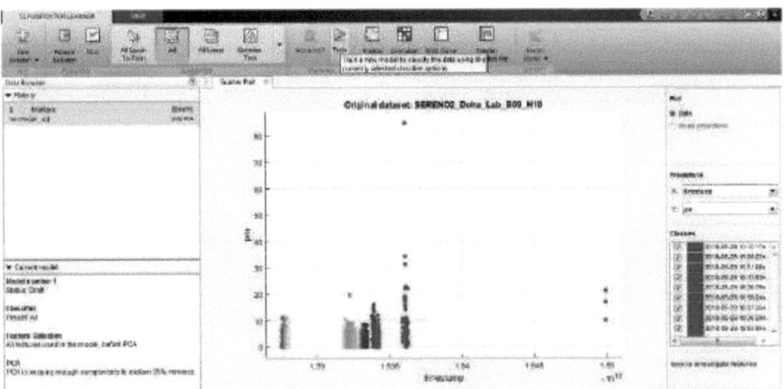

Fig33. Classificação da formação de dados SeReNo2 iniciada

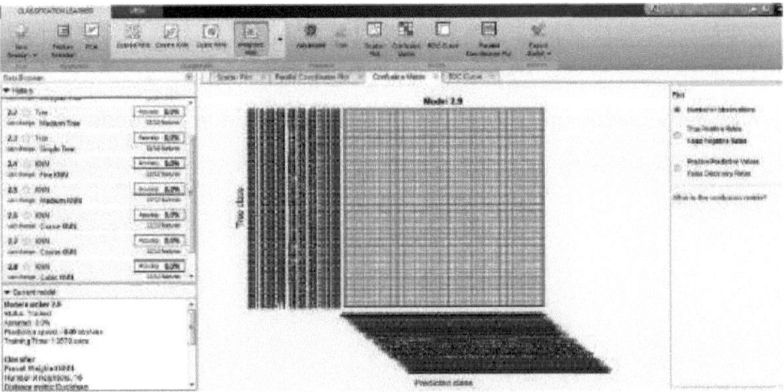

Fig 34. Matriz de Confusão Gerada utilizando Todos os Métodos por 5 níveis de Validação Cruzada

O resultado tangível desta secção de investigação foi uma derivação de um modelo ML de previsão de dados AQM para previsão de dados de séries temporais e posteriormente amadurecido para previsão temporal Spatio.

5.1. Estimativa do Índice de Qualidade do Ar Geo-espacial do AQM móvel

O conjunto de dados espaciais multiclasse foi convertido na variável de espaço de trabalho MATLAB com o quadro de processamento e adaptação de dados mencionado na publicação de dados multiclasse. A formulação da EPA dos EUA foi programada no MATLAB como uma biblioteca dedicada ao cálculo de tempo de execução AQI e categorização espacial.

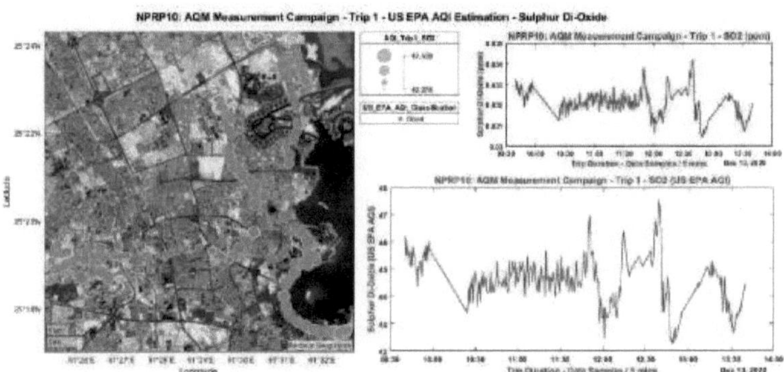

Fig 35. Viagem AQM móvel1 - Dados SO2 da série temporal e o seu AQI com análise geoespacial

com base nas estimativas da EPA dos EUA

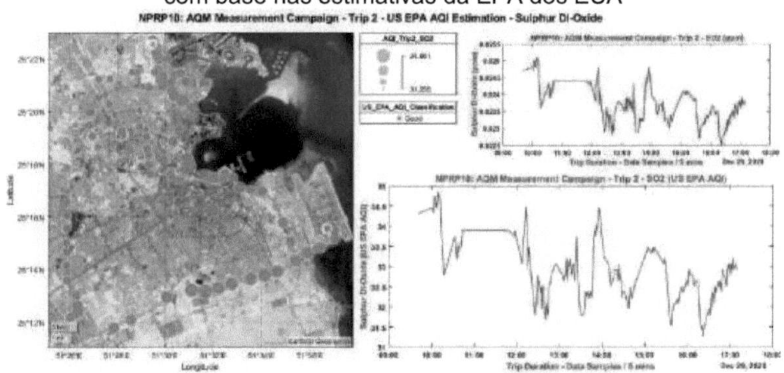

Fig 363. AQM Trip2 móvel - Dados SO2 da série temporal e o seu AQI com Geospatial

Análise baseada em estimativas da EPA dos EUA

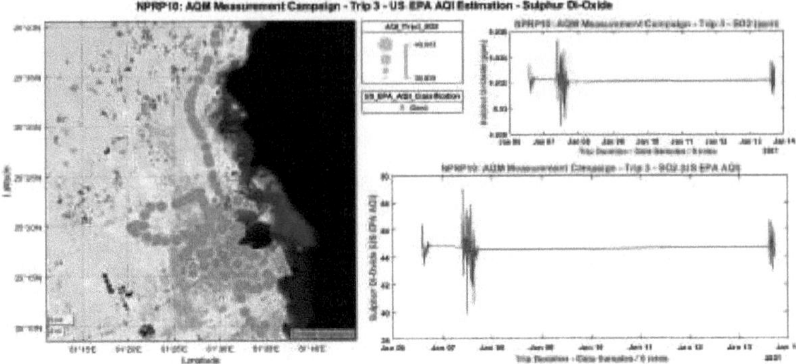

Fig 37. AQM Trip3 móvel - Dados SO2 da série temporal e o seu AQI com análise geoespacial

com base nas estimativas da EPA dos EUA

5.2. Previsão da qualidade do ar

Na formação do modelo de classificação e aprendizagem de máquinas, os pontos da amostra foram muito minuciosos que podem ser observados a partir da figura 38, de tal modo que a classificação não foi fiável, pelo que se procedeu a uma medição adicional de 6 meses.

5.2.1. Previsão de CO2 e Temperatura usando a Técnica de Aprendizagem da Máquina de Regressão Bi-Cluster Optimizada

O GAM reduziu as operações de cura em série de tempo em massa necessárias para a previsão. Os dados da dupla série temporal foram colocados em fila de espera na OBRM, que seleccionou os clusters ambientais e de gás ao mesmo tempo com as séries temporais t1 e t2. A definição de parâmetros de regressão iterativa foi realizada com base em parâmetros padrão. Em cada ciclo, estes parâmetros foram optimizados como os requisitos KPI. Os dois modelos de regressão simultânea foram treinados para os vectores AE(t1) e AG(t2). A raiz significa erro quadrado (RMSE), e o erro absoluto médio (MAE) foram os KPIs comuns que foram analisados antes da aprovação do modelo. O modelo aprovado foi definido para previsão a partir dos dados de teste e reprovado foi alimentado pelo optimizador que utilizou uma abordagem de aprendizagem da máquina baseada em árvores configurável através de iterações variáveis baseadas no índice de coeficiente de similaridade (SCI). O fluxograma da OBRM é apresentado na figura 38 abaixo.

As seguintes parcelas de variáveis individuais dão mais informações sobre o GAM no SeReNoV2.

Os KPIs do GAM contribuíram para a precisão e eficiência do GAM.

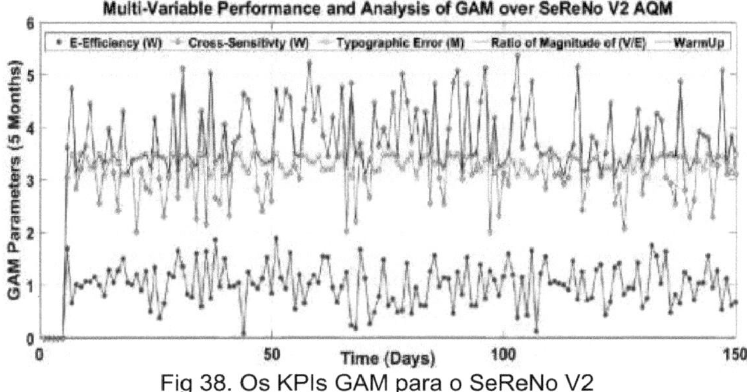

Fig 38. Os KPIs GAM para o SeReNo V2

O impacto do GAM pode ser inferior a 1,83 segundos ao longo de 5 meses. Os tempos de aquecimento reduzidos reduziram o pico de potência de arranque que foi reduzido e resultou numa tensão estável ou superior a 3,3V necessária para os sensores. O erro tipográfico observado em torno de 3,1 a 3,4 também é muito menor. O gráfico multi-variável exposto é a contribuição principal do GAM, a eficiência energética é watt% como uma linha azul, e a sensibilidade cruzada dos gases consumidos significa a diferença no consumo total de energia na medição de um único gás como por sensibilidades cruzadas mencionadas na folha de dados do sensor como linha de diamantes castanhos.

Foi seguido um procedimento em quatro etapas para a OBRM. Primeiro, a resposta prevista foi avaliada e os KPIs ML mencionados na Tabela I foram simplificados. Depois foi feita a comparação entre o real e o previsto, na etapa 3rd foram estimados os resíduos do modelo treinado e finalmente a optimização foi realizada de acordo com as condições.

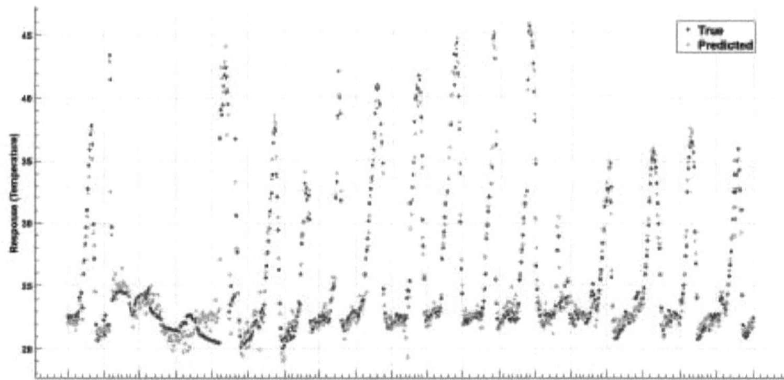

Fig 39. A resposta da OBRM1 para a temperatura

A figura 39 mostra a resposta de temperatura para o modelo 1 denominado OBRM1. Os dados reais estão em azul e o previsto em laranja. Foi medido durante um mês. O RMSE de 1.0042 é quase ideal e não necessitava de mais afinações e verificações.

O tamanho da folha de 2 com 100 iterações forneceu uma optimização e seguimento precisos para uma previsão precisa observada na figura 39. Mais tarde, o modelo gerado foi testado sobre dados de teste para prever o CO2 para o ano 2021 e 2022 apresentados na figura 40.

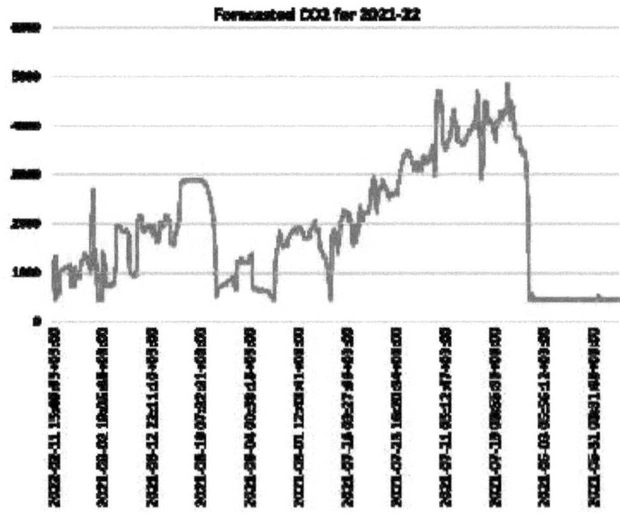

Fig 40. Os dados de CO2 previstos pela OBRM3 para os anos 2021-22

Os dados previstos para o CO2 por OBRM3 eram semelhantes, mais ambientais da figura 40 com explicação numérica e destaques para o cálculo do SCI.

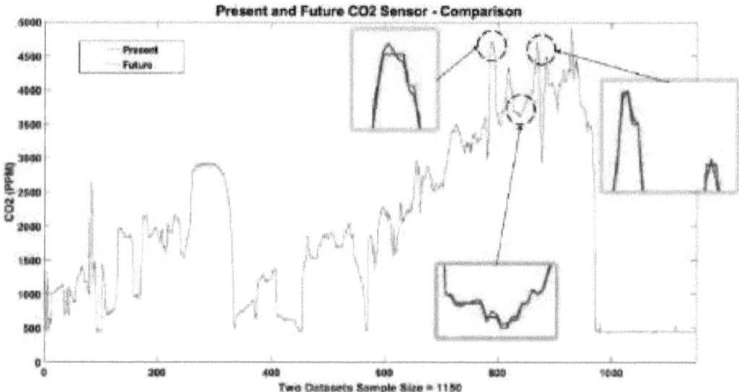

Fig 42. O cálculo do SCI para OBRM3

O OBRM3 tinha uma diferença muito ínfima em relação aos dados reais e testemunhou ainda nas figuras 43~45 como histogramas com configuração ML apresentados na tabela 2.

Quadro 2. Definição dos Parâmetros de Regressão

	Regressão Bi-Cluster Optimizada MLT	
Parâmetros	SWL (Temperatura)	OBRM3 (CO2)
Série temporal Vector	[E(AE(T, P, H, VoC, PM),t1)	[G(AG(O3, NO2, SO2, CO), fe)]
N.º de Previsores	11	11
RMSE	1.0042	1.646
R-Squared	0.97	1.0
MSE	1.0084	293.98
MAE	0.66226	10.252
Velocidade de Predição	~5100 obs.sec	~45000 obs/sec
Tempo de formação	469.28	28.53
Tipo de modelo	Linear por etapas	Dividir o substituto
Passos	1000	N/A
Iterações	N/A	100
Hiperparametro	N/A	LS (1 ~577)

A definição dos parâmetros para a regressão linear optimizada e árvore optimizada são apresentados na tabela 2. O tempo de treino e a velocidade de previsão são bastante relatáveis sendo recíprocos entre si.

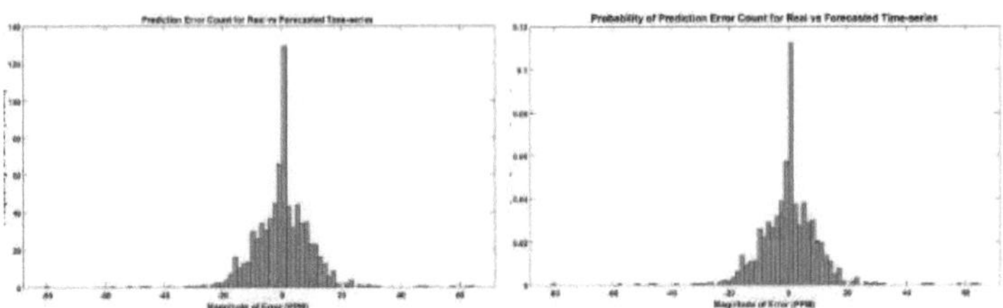

A Predição de Erro na contagem . A Probabilidade de Predição de Erro

Fig 43. A Probabilidade de Predição em OBRM3 para VAR

A frequência da contagem de erros é apresentada na figura 89 e a probabilidade de erro na figura 43. A probabilidade de erro de 130 ppm é zero a partir da observação da figura 95. As probabilidades de erro no intervalo de magnitude definido {0,06, 0,15} é 0 observado a partir da figura 96. A regressão optimizada multi-série temporal-paralela foi realizada pela técnica proposta de optimização da aprendizagem da máquina com resultados significativos. O trabalho apresentado destacou o desafio prático das séries temporais de previsão vectorial de dualidade e multi-cluster pela primeira vez na previsão de dados temporais para nós de sistema IoT de mapeamento multi-variável da qualidade do ar exterior. O método de aprendizagem da máquina foi desenvolvido com base no quadro proposto de telemetria de variáveis EPA sensíveis ao gradiente. Os resultados podem ser resumidos em três marcos-chave. A metodologia de regressão optimizada foi capaz de 1) implementar a análise de séries temporais duplas para o vector de séries temporais compostas não lineares compensando as anomalias comutativas; 2) os KPI seleccionados para o pré-processamento de dados por hardware resultaram numa redução do tempo de treino e numa melhoria das velocidades de previsão da formação em modelos de aprendizagem de máquinas; 3) os resultados previstos foram sobrepostos sendo uma precisão justificada na precisão da metodologia de previsão.

5.2.2. Modelo adaptativo geoespacial multiclasse Profundo CNN-VAR para Previsão de Mapeamento da Qualidade do Ar

As Onze variáveis em tempo real foram exibidas na Figura 38 enviando dados através do modelo GSM QuecTel M10 para um único nó com duas séries temporais cada, a sua estrutura de dados era a mesma para os três nós. O XDA-I reduziu as operações de cura multiclasse e multidimensionais de séries temporais em massa no pré-processamento para previsão. Resultou em 6 pares de $P_{SS\text{-}ST}$, WX, e_{Wx} , WSS-

ST, $p_{k,t}$, e epk. O modelo proposto foi definido para previsão a partir de dados de teste e reprovado foi alimentado ao optimizador que utilizou uma abordagem de aprendizagem da máquina baseada em árvores configurável através de iterações variáveis baseadas em RMSE, MAE, e erros relativos de tradução intermodelo.

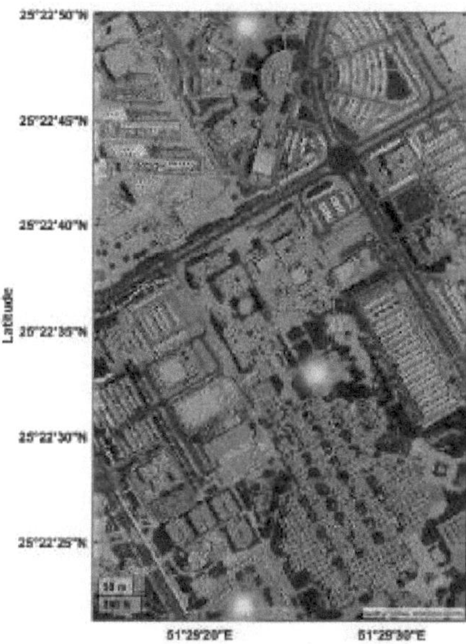

Fig. 44. O Lote de Geo-Densidade para 3 Implementações SeReNoV2 em QU

A regressão da série temporal dupla de OBRM é apresentada para a temperatura e o CO2 sendo as principais preocupações no Qatar. Este resultado contribuiu para uma potencial segurança durante as medidas de precaução CoVID19. Foi seguido um procedimento em quatro etapas para a OBRM. Primeiro, a resposta prevista foi avaliada e os KPIs ML mencionados no Quadro 2 foram racionalizados. Depois foi feita a comparação entre o real e o previsto, na terceira etapa foram estimados os resíduos do modelo treinado e finalmente a optimização foi realizada de acordo com as condições.

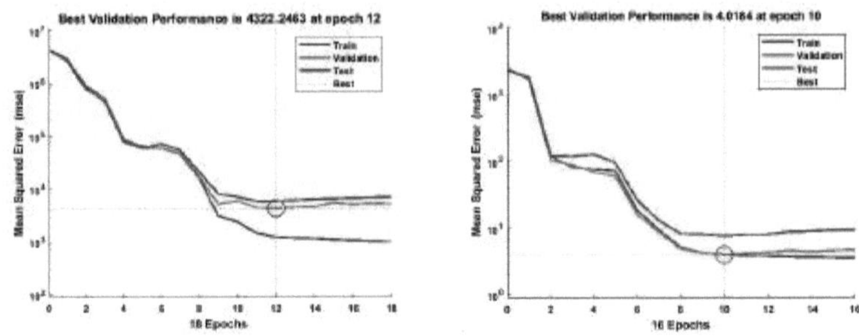

Fig 4. Validation Performance of Class 1 Time-Series 1 VAR

Fig 46. Validation Performance of Class 1 Time-Series 2 VAR

Fig 45. Desempenho de validação da Classe 1 Time-Series 1 VAR
Fig 46. Desempenho de validação da Classe 1 Time-Series 2 VAR

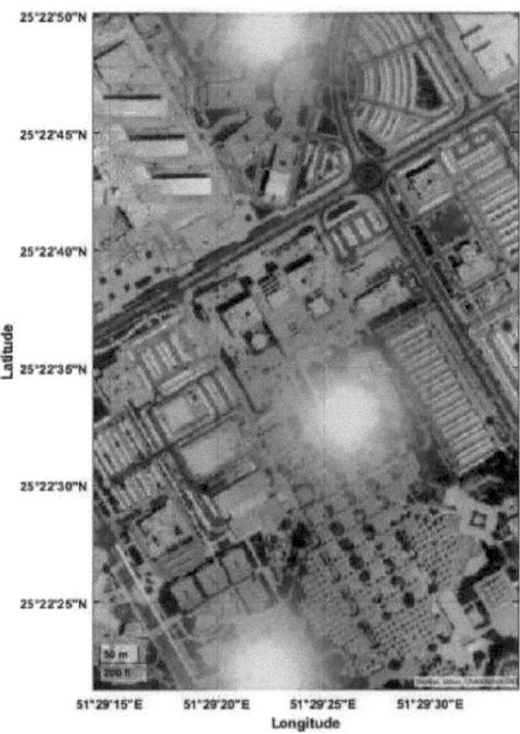

Fig 47. A previsão do Modelo 1 do Deep-CNN para dados da Classe 2 para o tempo universal (t) após 365 dias

Na figura 53, podem observar-se melhorias adicionais verdadeiras e os valores previstos sobrepõem-se no gráfico de resposta para o Modelo DeepCNN.

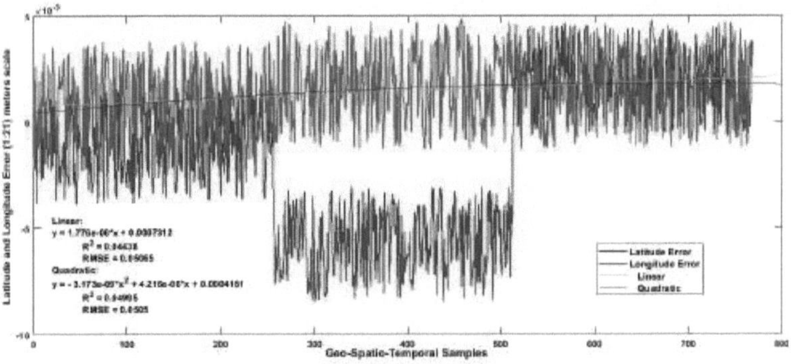

Fig 48. O Lote Comparativo OBRM3 para TS-2

Na fig. 48, o erro geométrico na previsão do modelo DeepCNN e o seu seguimento e alinhamento realizado por ajuste de curva para os dados observados e previstos da Classe 2 com configuração ML é apresentado na tabela 3.

Quadro 3. Definição dos Parâmetros de Regressão

	Regressão Bi-Cluster Optimizada MLT	
Parâmetros	SWL (Temperatura)	OBRM3 (CO2)
Série temporal Vector	E(AE(T, P, H, VoC, PM),t1)	[G(AG(O3, NO2, SO2, CO), t_2 >]
N.º de Previsores	11	11
RMSE	1.0042	1.646
R-Squared	0.97	1.0
MSE	1.0084	293.98
MAE	0.66226	10.252
Velocidade de Predição	~5100 obs.sec	~45000 obs/sec
Tempo de formação	469.28	28.53
Tipo de modelo	Linear por etapas	Dividir o substituto
Passos	1000	N/D
Iterações	N/A	100
Hiperparametro	N/A	LS (1~577)

A definição dos parâmetros para a regressão linear optimizada e árvore optimizada são apresentados na tabela 3. O tempo de treino e a velocidade de previsão são bastante relatáveis sendo recíprocos entre si. As probabilidades de erros no intervalo de magnitude definido {0,06, 0,15} são 0, observadas a partir da figura 48.

6. Impacto Potencial

Este trabalho de AQI contribuiu para todo o ecossistema, especialmente na tela de avaliação da qualidade do ar de publicações de avaliação ambiental e investigação com impactos a longo prazo.

6.1. Lista de Publicações Associadas

1. Wided Hadj Alouane, "Power allocation for asymmetric two-way fixed-gain AF relaying networks", Springer Telecommunication Systems (2019) 71:553-559 https://doi.org/10.1007/s11235-018-0531-4

2. Mohieddine Benammar, Sabbir Ahmad, Abderazak Abdaoui, Hasan Tariq, Farid Touati, Mohammed Al-Hitmi, "A Smart Rig for Calibration of Gas Sensor Nodes", Sensors (MDPI) (IF=3.031, 2019), vol. 20, número 8, pp. 2341-2362, 2020.

3. Hasan Tariq, Abderrazak Abdaoui, Farid Touati, Mohammed Abdulla E Al-Hitmi, Damiano Crescini, Adel Ben Mnaouer, "Real-time Gradient-Aware Indigenous AQI Estimation IoT Platform", Advances in Science, Technology and Engineering Systems Journal, 2020

4. D.Crescini, A.Galli, e F.Touati, "DESIGN AND IMPLEMENTATION OF INTELLIGENT SENSOR NODES FOR EFFICIENT ENERGY HARVESTING AMBIENTAL". XXIII Congresso Mundial IMEKO "Medição: desencadeando a revolução inteligente de amanhã". 3 de Setembro de 2021, Yokohama, Japão.

5. D.Crescini, A.Galli, e F.Touati, "Estado da Investigação e Desafios da Colheita de Energia". O Simpósio de Aplicações de Sensores IEEE 2021: SAS 2021, 2-4 de Agosto, 2021 (Virtual).

6. H. Tariq, A. Abdaoui, F. Touati, M. A. E Al-Hitmi, D. Crescini e A. B. Mnaouer, "An Autonomous Multi-Variable Outdoor Air Quality Mapping Wireless Sensors IoT Node for Qatar," *2020 IEEE International Wireless Communications and Mobile*

Informática (IWCMC), 2020, pp. 2164-2169, DOI: 10.1109/IWCMC48107.2020.9148392, Limassol, Chipre.

7. A. Abdaoui, H. Tariq, F. Touati, T. Elfouly, M. Al-Hitmi e M. H. Ahmed, "Optimal Consensus Time Synchronizations for Wireless Sensor Networks", *2020 IEEE International Wireless Communications and Mobile Computing (IWCMC)*, 2020, pp. 1145-1152, DOI: 10.1109/IWCMC48107.2020.9148560. IWCMC2020, Limassol, Chipre.

8. H. Tariq, A. Abdaoui, F. Touati, M. A. E Al-Hitmi, D. Crescini e A. B. Mnaouer, "A

Real-time Gradient Aware Multi-Variable Handheld Urban Scale Air Quality Mapping IoT System", *2020 IEEE International Conference on Design & Test of Integrated Micro & Nano-Systems (DTS)*, 2020, pp. 1-5, DOI: 10.1109/DTS48731.2020.9196131, Hammamet, Tunísia.

9. A. Abdaoui, F. Touati, H. Tariq e A. Ben Mnaouer, "A Smart Rig for Calibration of Gas Sensor Nodes": Test and Deployment," *2020 IEEE International Conference on Design & Test of Integrated Micro & Nano-Systems (DTS)*, 2020, pp. 1-6, DOI: 10.1109/DTS48731.2020.9196182, Hammamet, Tunísia.

10. A. Abdaoui, S. H. M. Ahmad, H. Tariq, F. Touati, A. B. Mnaouer e M. Al-Hitmi, "Energy Efficient Real-time Outdoor Air Quality Monitoring System", *2020 IEEE International Wireless Communications and Mobile Computing (IWCMC)*, 2020, pp. 2170-2176, DOI: 10.1109/IWCMC48107.2020.9148229.Limassol, Chipre.

11. D.Crescini, A.Galli, D. Alghisi, e F.Touati, "Ambient Monitoring WSNs with Harvesting-aware Power Management". 24nd IMEKO TC4 International Symposium Electrical & Electronic Measurements Promote Industry 4.0, 17-20 de Setembro de 2019, Xi'an, China.

12. Walid Mallat, Wided Hadj Alouane, Hatem Boujemaa, Farid Touati, "Impact of outdated CSI on the secret performance of dual-hop networks using cooperative jamming", 2019 15th IEEE International Wireless Communications & Mobile Computing Conference (IWCMC), Tânger, Marrocos, pp. 543-548, IEEE 2019/6/24. DOI:10.1109/IWCMC.2019.8766352

13. Walid Mallat, Wided Hadj Alouane, Hatem Boujemaa, Farid Touati, "Secure halfduplex AF relaying networks with partial relay selection", 2019 15th IEEE International Wireless Communications & Mobile Computing Conference (IWCMC), pp. 752-757, IEEE 2019/6/24, Tânger, Marrocos, DOI: 10.1109/IWCMC.2019.8766497

14. Wided Hadj Alouane, "Secure Semi-Blind AF relaying networks using multiple eavesdroppers", 2019 15th IEEE International Wireless Communications & Mobile Computing Conference (IWCMC), Tânger, Marrocos, pp. 549-554, DOI:10.1109/IWCMC.2019.8766643

15. Wided Hadj Alouane, "Partial Relay Selection for Secure Outdated-CSI AF in Untrusted-Relay Networks", 2019 15ª Conferência Internacional de Comunicações sem Fios e Computação Móvel IEEE (IWCMC), Tânger, Marrocos, DOI:10.1109/IWCMC.2019.8766537

16. M. Abderrahim, H. Hakim, H. Boujemaa e F. Touati, "A Clustering Routing based

on Dijkstra Algorithm for WSNs", *2019 19th International Conference on Sciences and Techniques of Automatic Control and Computer Engineering (STA)*, 2019, pp. 605-610, DOI: 10.1109/STA.2019.8717279.

17. M. Abderrahim, H. Hakim, H. Boujemaa e F. Touati, "Energy-Efficient Transmission Technique based on Dijkstra Algorithm for decreasing energy consumption in WSNs", *2019 19th International Conference on Sciences and Techniques of Automatic Control and Computer Engineering (STA)*, 2019, pp. 599604, DOI: 10.1109/STA.2019.8717210.

18. Nesrine Zaghdoud, WidedHadj Alouane, Hatem Boujemaa, Farid Touati, "Security performance of AF and DF relays in Cooperative NOMA Systems", STA 2019, 19th International conference on Sciences and Techniques of Automatic control & computer engineering, 2019.DOI: 10.1109/STA.2019.8717242

6.2. Realização e Capacitação Estimada

Farid Touati / Adel Ben Mnaouer (Editor convidado e Organizadores de Workshops):

1. Presidente, workshop sobre "**Sistemas e Protocolos de Redes Eficientes de Energia para RSSFs e IoT (E^2 NSP 2019)**", The 15th International Wireless Communications & Mobile Computing Conference (IWCMC 2019), Tânger, Marrocos, 24 de Junho th - 28th , 2019.
2. Presidente, workshop sobre "**Eficiência Energética em Redes, Plataformas, Sistemas e Protocolos para RSSFs e Workshop sobre IoT**", The International Wireless Communications and Mobile Computing Conference (IWCMC 2018), Tema "Conectividade Global", Chipre 25-29 de Junho, 2018. http://iwcmc.org/2018/
3. Presidente, Wokshop on **"Energy Efficient Networking, Platforms, Systems and Protocols for WSNs an IoT (EEN-PSP 2017)",** em conjunto, com *The 13th International Wireless Communications & Mobile Computing Conference.* IWCMC 2017 Website: http://iwcmc.org/2017/. 26-30 de Junho, 2017, Holiday Inn Hotel, Valência, Espanha. *Tecnicamente patrocinado pelo IEEE, IEEE Spain Society.*

7. Metadados

7.1. Nomenclatura

Sensores Um dispositivo, módulo, máquina, ou subsistema que detecta eventos físicos ou alterações no seu ambiente

Colhedor de Energia Um dispositivo que extrai a energia de fontes externas (por exemplo, energia solar, energia térmica, energia eólica, gradientes de salinidade, e energia cinética).

Ambiental Agência de Protecção A Agência de Protecção Ambiental protege as pessoas e o ambiente de riscos sanitários significativos, patrocina e conduz investigação, e desenvolve e faz cumprir regulamentos ambientais.

Índice da Qualidade do Ar (AQI) Uma escala concebida para ajudar a compreender o impacto da qualidade do ar na saúde. É um instrumento de protecção da saúde utilizado para tomar decisões para reduzir a exposição de curto prazo à poluição atmosférica, ajustando os níveis de actividade durante o aumento dos níveis de poluição atmosférica.

Firmware Uma classe específica de software de computador que proporciona um controlo de baixo nível para o hardware específico de um dispositivo.

Sistema Embedded Um sistema de computador ou uma combinação de um processador de computador, memória de computador e dispositivos periféricos de entrada/saída - que tem uma função dedicada dentro de um sistema mecânico ou electrónico maior

Controlador de Carga Um dispositivo electrónico, que gere a energia que entra, o banco de baterias a partir da matriz solar.

Auto-Diagnóstico Um processo de diagnóstico, ou de identificação das condições operacionais em si mesmo.

Internet das coisas (IoT) Uma rede de objectos físicos que estão incorporados com sensores, software e outras tecnologias para ligar e trocar dados com outros dispositivos e sistemas.

GSM	Foi desenvolvida uma norma pelo Instituto Europeu de Normas de Telecomunicações (ETSI) para descrever os protocolos para redes celulares digitais de segunda geração (2G) utilizados por dispositivos móveis, tais como telemóveis e tablets. Foi implantada pela primeira vez na Finlândia em Dezembro de 1991.
GPRS	Uma norma de dados móveis orientada para pacotes no sistema global da rede de comunicações celulares 2G e 3G para comunicações móveis (GSM). O GPRS foi estabelecido pelo Instituto Europeu de Normas de Telecomunicações (ETSI) em resposta às tecnologias celulares anteriores CDPD e i-mode packet-switched.
WiFi	Uma família de protocolos de rede sem fios, baseada na família de normas IEEE 802.11, que são comummente utilizadas para redes locais de dispositivos e acesso à Internet, permitindo que dispositivos digitais próximos troquem dados por ondas de rádio.
Matéria Particulada	As partículas microscópicas de matéria sólida ou líquida são suspensas no ar.
Orgânicos voláteis Compostos	Os produtos químicos orgânicos têm uma alta pressão de vapor à temperatura ambiente.
Ozono	Uma molécula inorgânica com a fórmula química O3. É um gás azul pálido com um odor distintamente pungente.
Calibração	Um processo de comparação dos valores de medição fornecidos por um dispositivo em teste com os de um padrão de calibração de precisão conhecida.
Aprendizagem mecânica	Um estudo de algoritmos informáticos que melhoram automaticamente através da experiência e da utilização de dados.
Porta de entrada	Uma peça de hardware de rede utilizada em telecomunicações para redes de telecomunicações que permite o fluxo de dados de uma rede discreta para outra. As gateways são distintas dos routers ou switches, na medida em que comunicam utilizando

mais do que um protocolo para ligar um monte de redes.

Ubidots	A Ubidots é uma empresa de arranque apoiada pelo investidor que fornece uma Aplicação IoT Habilitada a OEMs empreendedores, Integradores de Sistemas,
ThingSpeak	Uma aplicação Internet das Coisas (IoT) de código aberto e API para armazenar e recuperar dados de coisas usando o protocolo HTTP e MQTT através da Internet ou através de uma Rede Local.
Front-End analógico (AFE)	Um conjunto de circuitos de condicionamento de sinal analógico que utiliza amplificadores analógicos sensíveis, amplificadores muitas vezes operacionais, filtros, e por vezes circuitos integrados específicos de aplicação para sensores, receptores de rádio, e outros circuitos para fornecer um bloco funcional configurável e flexível de electrónica necessário para fazer a interface de uma

Referências

1. Bruce, N., Perez-Padilla, R., Albalak, R. (2000) Indoor air pollution in developing countries: a major environmental and public health challenge. Boletim da Organização Mundial da Saúde 78(9), 1078-1092.

2. Taylor, E. (2008) The Air Quality Health Index and its Relation to Air Pollutants at Vancouver Airport. B.C. Ministério do Ambiente.

3. A Guide to Air Quality and Your Health, U.S. Environmental Protection Agency, Office of Air Quality Planning and Standards, Outreach and Information Division, Research Triangle Park, NC. Fevereiro de 2014, EPA-456/F-14-002.

4. The Plain English Guide to the Clean Air Act, United States Office of Air Quality Planning and Standards, Environmental Protection Agency Research Triangle Park, NC Abril de 2007, Publicação nº EPA-456/K-07-001.

5. A Review of Urban Air Pollution Monitoring and Exposure Assessment Methods, Xingzhe Xie,*, Ivana Semanjski, Sidharta Gautama, Evaggelia Tsiligianni, Nikos Deligiannis, Raj Thilak Rajan, Frank Pasveer, e Wilfried Philips. ISPRS Int. J. Geo-Inf. 2017, 6, 389; DOI:10.3390/ijgi6120389.

6. Sir Humphry Davy e os mineiros de carvão do mundo: um comentário sobre Davy (1816) "An account of an invention for giving light in explosive mixtures of fire-damp in coal mines". Philosophical Transactions A, John Meurig Thomas, 2014.

7. Combustão catalítica do metano do ar de ventilação (VAM) - estabilidade do catalisador a longo prazo na presença de vapor de água e pó de mina. Adi Setiawan, Jarrod Friggieri, Eric M. Kennedy, Bogdan Z. Dlugogogorskiac, e Michael Stockenhuber.

8. Glucose Biosensors: Uma Visão Geral da Utilização na Prática Clínica. Eun-Hyung Yoo e Soo-Youn Lee. Sensores (Basileia). 2010; 10(5): 4558-4576.

9. Cowie C.C., Rust K.F., Byrd-Holt D.D., Gregg E.W., Ford E.S., Geiss L.S., Bainbridge K.E., Fradkin J.E. Prevalência de diabetes e alto risco de diabetes usando critérios de hemoglobina A1c na população dos E.U.A. em 1988-2006. Cuidados de Diabetes. 2010;33:562-568.

10. Turner A.P. Biosensors--senso e sensibilidade. Ciência. 2000;290:1315-1317.

11. Thomas Ming-Hung Lee, Biossensores de venda livre: Passado, Presente, e Futuro. Sensores 2008, 8, 5535-5559; DOI: 10.3390/s8095535.

12. Rodriguez-Mozaz, S.; Lopez de Alda, M.J.; Barcelo, D. Biosensors as Useful

Tools for Environmental Analysis and Monitoring. Anal. Bioanal. Química. 2006, 386, 10251041.

13. Detecção de gás de baixo índice de refracção utilizando um dispositivo de fibra de ressonância plasmónica de superfície. T Allsop, R Neal, E M Davies, C Mou, P Bond, S Rehman, K Kalli, D J Webb, P Calverhouse e I Bennion. Meas. Sci. Technol. 21 (2010) 094029 (9pp) DOI:10.1088/0957-0233/21/9/094029.

14. Organização Mundial de Saúde (OMS). Dados e Estatísticas; OMS: Genebra, Suíça, 2017.

15. Gillis, D.; Semanjski, I.; Lauwers, D. Como Monitorizar a Mobilidade Sustentável nas Cidades? Revisão da Literatura no Quadro da Criação de um Conjunto de Indicadores de Mobilidade Sustentável. Sustentabilidade 2016, 8, 29.

16. Hasan Tariq, Abderrazak Abdaoui, Farid Touati, Mohammed Abdulla E Al-Hitmi, Damiano Crescini, Adel Ben Mnaouer, "Real-time Gradient-Aware Indigenous AQI Estimation IoT Platform", Advances in Science, Technology and Engineering Systems Journal, 2020

17. Hasan Tariq, Abderrazak Abdaoui, Farid Touati, M. A. E Al-Hitmi, D. Crescini e A. B. Mnaouer, "An Autonomous Multi-Variable Outdoor Air Quality Mapping Wireless Sensors IoT Node for Qatar," 2020 IEEE International Wireless Communications and Mobile Computing (IWCMC), 2020, pp. 2164-2169, DOI: 10.1109/IWCMC48107.2020.9148392, Limassol, Chipre.

18. Abderrazak Abdaoui, Hasan Tariq, Farid Touati, Tarek Elfouly, M. Al-Hitmi e M. H. Ahmed, "Optimal Consensus Time Synchronizations for Wireless Sensor Networks", 2020 IEEE International Wireless Communications and Mobile Computing (IWCMC), 2020, pp. 1145-1152, DOI: 10.1109/IWCMC48107.2020.9148560. IWCMC2020, Limassol, Chipre.

19. Wang, M.; Zhu, T.; Zheng, J.; Zhang, R.; Zhang, S.; Xie, X.; Han, Y.; Li, Y. Utilização de um laboratório móvel para avaliar as alterações nos poluentes atmosféricos rodoviários durante os Jogos Olímpicos de Verão de Pequim 2008. Atmosfera. Química. Phys. 2009, 9, 8247-8263.

20. Hasan Tariq, Abderrazak Abdaoui, Farid Touati, M. A. E Al-Hitmi, D. Crescini e A. B. Mnaouer, "A Real-time Gradient Aware Multi-Variable Handheld Urban Scale Air Quality Mapping IoT System," 2020 IEEE International Conference on Design & Test of Integrated Micro & Nano-Systems (DTS), 2020, pp. 1-5, DOI: 10.1109/DTS48731.2020.9196131, Hammamet, Tunísia.

21. Abderrazak Abdaoui, Hasan Tariq, Farid Touati, e A. B. Mnaouer. "A Smart Rig

for Calibration of Gas Sensor Nodes": Test and Deployment," 2020 IEEE International Conference on Design & Test of Integrated Micro & Nano-Systems (DTS), 2020, pp. 1-6, DOI: 10.1109/DTS48731.2020.9196182, Hammamet, Tunísia.
22. A. Abdaoui, S. H. M. Ahmad, H. Tariq, F. Touati, A. B. Mnaouer e M. Al-Hitmi, "Energy Efficient Real time Outdoor Air Quality Monitoring System", 2020 IEEE International Wireless Communications and Mobile Computing (IWCMC), 2020, pp. 2170-2176, DOI: 10.1109/IWCMC48107.2020.9148229. Limassol, Chipre.
23. Bezuglaya, E.Y., Shchutskaya, A.B., Smirnova, I.V. (1993). Air Pollution Index and Interpretation of Measurements of Toxic Pollutant Concentrations (Índice de Poluição do Ar e Interpretação das Medições de Concentrações de Poluentes Tóxicos). Ambiente Atmosférico 27, 773-779.
24. Taylor, E. (2008) The Air Quality Health Index and its Relation to Air Pollutants at Vancouver Airport. B.C. Ministério do Ambiente.
25. Poluição Atmosférica, Modelação e Sistemas de Apoio à Decisão baseados em SIG para Avaliação de Riscos da Qualidade do Ar. Anjaneyulu Yerramilli, Venkata Bhaskar Rao Dodla, e Sudha Yerramilli.
26. Análise e mapeamento da poluição atmosférica utilizando uma abordagem SIG: Um estudo de caso de Istambul. E.Bozyazi, S. Incecik, C. Mannaerts e M. Brussel.
27. IEA, IRENA, UNSD, WB, QUEM. Seguimento do SDG 7: o relatório de progresso energético de 2019. Washington: Banco Internacional para a Reconstrução e Desenvolvimento/ Banco Mundial; 2019.
28. Smith, K.R., Samet, J.M., Romieu, I., Bruce, N. (2000) Indoor air pollution in developing countries and acute lower respiratory infections in children. Tórax 55(6), 518-532.
29. OMS (2009) Riscos globais para a saúde: Mortalidade e peso das doenças atribuíveis a riscos importantes seleccionados. Genebra, Organização Mundial da Saúde. Disponível em linha em http://www.who.int/healthinfo/global_burden_disease/GlobalHealthRisks_report_full.pdf (Acessado pela última vez em 12 de Setembro de 2014).
30. Parajuli I, Lee H, Shrestha KR. Avaliação da qualidade do ar interior e da ventilação dos lares rurais montanhosos do Nepal. Int J Sustain Built Environ. 2016; 5:301-11.
31. Mohieddine Benammar, Abderrazak Abdaoui, Sabbir HM Ahmad, Farid Touati, Abdullah Kadri.Uma plataforma IoT modular para monitorização da qualidade do ar interior em tempo real. Sensores 2018.

32. Sicard, P., Lesne, O., Alexandre, N., Mangin, A., Collomp, R. (2011) Air quality trends and potential health effects - Development of an aggregate risk index. Ambiente Atmosférico 45, 1145-1153.

33. Farid Touati, Claudio Legena, Alessio Galli, Damiano Crescini, Paolo Crescini e Adel Ben Mnaouer. Nó Sensor Multiparamétrico Sem Fios de Energia Ambiental para Diagnóstico da Qualidade do Ar. Sensores e Materiais, Vol. 27, No. 2 (2015) 177189.

34. Mohieddine Benammar, Abderrazak Abdaoui, Sabbir HM Ahmad, Farid Touati, Abdullah Kadri. Monitorização em Tempo Real da Qualidade do Ar Interior através de Rede de Sensores sem fios. International Journal of Internet of Things and Web Services, 2017.

Printed by Books on Demand GmbH, Norderstedt / Germany